Exercise book for Astronomy-Space Test

天文宇宙検定

公式問題集

—— 銀河博士 ——

天文宇宙検定委員会 編

恒星社厚生閣

天文宇宙検定とは

科学は本来楽しいものです。楽しさは、意外性、物語性、関係性、歴史性、予言力、洞察力、発展性などが、具体的なものを通じて語られる必要があります。そして何よりも、それを伝える人が楽しまなければなりません。人と人が接し合って伝え合うことの大切さを見直してみる必要があるでしょう。

宇宙とか天文は、科学をけん引していく重要な分野です。天文宇宙検定は、単に知識の有無を検定するのではなく、「楽しく」、「広がりを持つ」、「考えることを通じて何らかの行動を起こすきっかけをつくる」検定でありたいと願っています。

個人の楽しみだけに閉じず、多くの市民に広がり、生きた科学に生身で接する検定を目指しておりますので、みなさまのご支援をよろしくお願いいたします。

総合研究大学院大学名誉教授
池内　了

天文宇宙検定２級問題集について

本書は第１回（2011 年実施）～第９回（2019 年実施）の天文宇宙検定２級試験に出題された過去問題と、予想問題を掲載しています。

・本書の章立ては公式テキストに準じた構成になっています。

・２ページ（見開き）ごとに問題、正解・解説を掲載しました。

・過去問題の正答率は、解説の右下にあります。

天文宇宙検定２級は、公式テキストと公式問題集をしっかり勉強していただければ、天文宇宙検定にチャレンジできるとともに、天文宇宙の世界を愉しんでいただくことができます。

天文宇宙検定　受験要項

受験資格　天文学を愛する方すべて。２級からの受験も可能です。年齢など制限はございません。
※ただし、１級は２級合格者のみが受験可能です。

出題レベル

１級 天文宇宙博士（上級）
理工系大学で学ぶ程度の天文学知識を基本とし、天文関連時事問題や天文関連の教養力を試したい方を対象。

２級 銀河博士（中級）
高校生が学ぶ程度の天文学知識を基本とし、天文学の歴史や時事問題等を学びたい方を対象。

３級 星空博士（初級）
中学生が学ぶ程度の天文学知識を基本とし、星座や暦などの教養を身につけたい方を対象。

４級 星博士ジュニア（入門）
小学生が学ぶ程度の天文学知識を基本とし、天体観測や宇宙についての基礎的知識を得たい方を対象。

問題数　１級／ 40 問　２級／ 60 問　３級／ 60 問　４級／ 40 問

問題形式　マークシート４者択一方式　　**試験時間**　50 分

合格基準
１級・２級／ 100 点満点中 70 点以上で合格
３級・４級／ 100 点満点中 60 点以上で合格
※ただし、１級試験で 60 ～ 69 点の方は準１級と認定します。

試験の詳細につきましては、下記ホームページにてご案内しております。

http://www.astro-test.org/

天文宇宙検定公式問題集2級　2020～2021年版　正誤表

本書の記述に誤りがございました。お詫びして訂正いたします。

頁	箇所	誤	正
61	A6 3行目	するとアと②からL＝定数×R^4という関係が	するとアと①からL＝定数×R^4という関係が
61	A7 3行目	（光）度の平方根に**反比例**する。	（光）度の平方根に**比例**する。
61	A7 4行目	$(1/2)^{-2}\times\sqrt{}(100000)\fallingdotseq$**2**$\times 3\times 10^2=$**6**$\times 10^2\fallingdotseq 1000$	$(1/2)^{-2}\times\sqrt{}(100000)\fallingdotseq$**4**$\times 3\times 10^2=$**12**$\times 10^2\fallingdotseq 1000$

Exercise book for Astronomy-Space Test

天文宇宙検定

CONTENTS

EXERCISE BOOK FOR ASTRONOMY-SPACE TEST

宇宙七不思議

地球の直径は１万kmのオーダーであり、惑星状星雲の直径は１光年のオーダーである。次のうち、この間に入るものはどれか。

① 中性子星の直径
② 散開星団の広がり
③ 海王星の軌道の直径
④ 銀河系（天の川銀河）の直径

Q 2

宇宙の階層構造において、サイズの大きい順に並んでいるものはどれか。

① 銀河団＞星団＞銀河＞大規模構造
② 銀河団＞大規模構造＞星団＞銀河
③ 大規模構造＞銀河団＞銀河＞星団
④ 星団＞銀河団＞大規模構造＞銀河

Q 3

500 Kを摂氏温度で表すと、およそ何℃か。

① 750 ℃
② 227 ℃
③ 50 ℃
④ －73 ℃

Q 4 1 nmの単位の表し方で正しいのはどれか。

① 1 nm＝10^{-10} m
② 1 nm＝10^{-9} m
③ 1 nm＝10^{-6} m
④ 1 nm＝10^{-3} m

Q 5 宇宙のスケールにおいて、太陽系辺境サイズはどれくらいか。

① 10^{8} m
② 10^{14} m
③ 10^{16} m
④ 10^{24} m

Q 6 ビッグバンとは何か。

① 大質量の恒星が、その一生を終えるときに起こす大規模な爆発現象
② 超高温で超高圧、超高密度の初期宇宙の状態
③ 恒星が主系列星を終えた後に、大膨張する進化の過程
④ 恒星の表面に一時的に強い爆発が起こり、数百倍から数百万倍増光する現象

③ 海王星の軌道の直径

中性子星の直径は数十kmの、散開星団の広がりは数光年から数十光年のオーダーで、銀河系（天の川銀河）の直径は10万光年だ。海王星の軌道の直径は数十億kmのオーダーとなる。

第9回正答率74.5%

③ 大規模構造＞銀河団＞銀河＞星団

サイズは、大きい方から順に、宇宙の大規模構造、銀河団、銀河、星団で、大きさはそれぞれ1億光年、100万光年、10万光年、10光年程度である。

第6回正答率91.2%

② 227 ℃

絶対温度から273.15を引くと、摂氏温度が求められる。
500 K＝500－273.15 ℃＝226.85 ℃　よって、およそ227℃になる。

A4

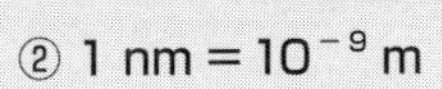

② 1 nm＝10^{-9} m

nm（ナノメートル）は国際単位系の長さで、1 nm＝10^{-9} m 、10億分の1 mである。

A5 ② 10^{14} m

10^{14} mは1000億 km、太陽系辺境サイズである。10^{8} mは太陽の直径サイズ。10^{16} mは1光年のサイズ。10^{24} mは1億光年、宇宙の大規模構造サイズとなる。

A6 **② 超高温で超高圧、超高密度の初期宇宙の状態**

宇宙は非常に高温高密度の状態から始まり、それが大きく膨張することによって低温低密度になっていったとする膨張宇宙論のことをビッグバン理論という。なお、①は超新星、③は赤色巨星、④は新星のことである。宇宙全体が膨張していることが発見されたことから、逆に宇宙の歴史をさかのぼると現在の宇宙に存在するあらゆる物質が1点にまで凝縮されて、超高温で超高圧の状態であったと考えられる。これをビッグバンと呼んでいる。

Q7

ビッグバン以前に、宇宙が急激に膨張した様子を経済用語を転用して何というか。

① ヘッジファンド
② スタグフレーション
③ インフレーション
④ バブル

Q8

宇宙は背景放射と呼ばれる電磁波で満たされており、それはある温度を保っている。現在の宇宙背景放射の温度はおよそどのくらいか。

① 100億 K
② 6000 K
③ 3 K
④ 0 K

Q9

現在考えられている宇宙の年齢はおよそいくらか。

① 138万年
② 1億3800万年
③ 138億年
④ 1兆3800億年

Q10

宇宙の歴史において、次の出来事は宇宙誕生からおよそ何年後のことか。正しい組み合わせを選べ。

A：宇宙の晴れ上がり
B：クェーサーの形成
C：太陽系の形成

① A：38万年　B：1億年　C：50億年
② A：38万年　B：10億年　C：50億年
③ A：38万年　B：10億年　C：90億年
④ A：3800万年　B：10億年　C：90億年

Q11

次のうち、プランク時間はどれか。ただし、Gは万有引力定数、hはプランク定数、cは光速とする。

① $\sqrt{Gh/c}$
② $\sqrt{Gh/c^3}$
③ $\sqrt{Gh/c^5}$
④ $\sqrt{Gh/c^7}$

Q12

太陽系の形成と地球の誕生は、宇宙が生まれて約何年後に起こった出来事か。

① 約80億年後
② 約90億年後
③ 約100億年後
④ 約110億年後

③ インフレーション

宇宙の誕生時に、急激に宇宙が広がったとしないと現在の宇宙を説明できない。その広がりかたのイメージを、理論の提唱者の一人であるアラン・グースが物価が暴騰する現象を表す経済用語のインフレーションを使って表現したもの。

③ 3 K

宇宙背景放射のスペクトルは黒体放射の形をしていて、その温度が3 Kに近いことが、1965年にアメリカのアーノ・ペンジアスとロバート・ウィルソンにより発見された。彼らはその発見でノーベル物理学賞を受賞した。最近のより正確な測定では2.7 Kである。

第2回正答率62.8%

③ 138億年

ビッグバンから今日までの時間を宇宙の年齢としている。宇宙年齢は、宇宙背景放射の観測と宇宙膨張の測定から得られ、最近の観測（欧州宇宙機関が打ち上げた人工衛星「プランク」の観測）によると（137.99±0.21）億年（約138億年）であるとされる。

第6回正答率97.4%

③ A：38万年　B：10億年　C：90億年

宇宙の晴れ上がりとは、陽子と電子が結合して水素原子ができ、光子が電子に妨げられず長距離を進むことができるようになった現象で、宇宙誕生から38万年後の出来事である。クェーサーは非常に遠方にある活動銀河核の一種で、宇宙誕生後遅くとも10億年後からでき始めた。太陽系はできてから50億年経っているので、宇宙誕生からはおよそ90億年後に形成された。

第8回正答率62.5%

③ $\sqrt{Gh/c^5}$

基本的な定数（光速c、万有引力定数G、プランク定数h）を使って組み立てられた、時間の単位をもつ物理量をプランク時間と呼ぶ。MKS単位系で表した光速の単位はm/s、万有引力定数は$N \cdot m^2/Kg^2$、プランク定数はJ·s。N（ニュートン）はkg・m/s^2、J（ジュール）はkg・m^2/s^2であるから、③のみが時間の単位（s）をもつ。

第8回正答率39.2%

② 約90億年後

太陽と地球の誕生（約46億年前）は宇宙が誕生した約138億年前から数えると、だいたい90億年頃の出来事になる。また100億年頃の出来事には、地球における生命の発生がある。80億年頃や110億年頃には、大きな宇宙的事件はとくにない。

太陽はいずれ赤色巨星となり、地球軌道近くまで膨れあがる。それは今からほぼ何年後のことと考えられるか。

① 1万年後
② 1億年後
③ 50億年後
④ 1000億年後

Q 14

次の円グラフは宇宙の内容物の割合を表している。Aに相当するものはどれか。

① 通常の物質
② ミッシングフォトン
③ ダークマター
④ ダークエネルギー

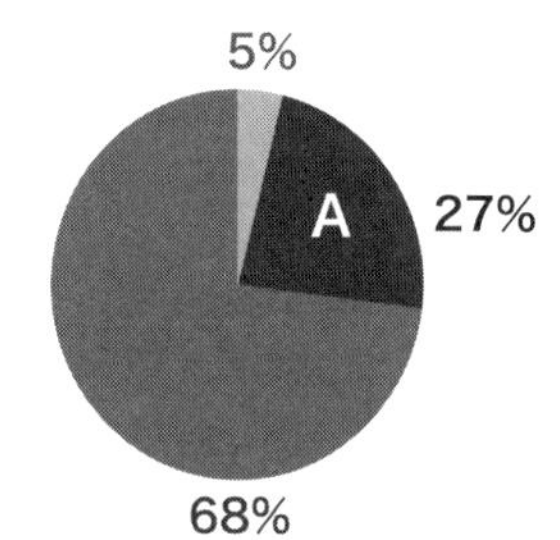

Q 15

次の語句の命名者の組み合わせで正しいのはどれか。

A：ビッグバン
B：インフレーション
C：ブラックホール

① A：フレッド・ホイル　B：アラン・グース　C：ジョン・ホイーラー（アン・ユーイング）
② A：ジョージ・ガモフ　B：佐藤勝彦　C：スティーブン・ホーキング
③ A：フレッド・ホイル　B：佐藤勝彦　C：スティーブン・ホーキング
④ A：ジョージ・ガモフ　B：アラン・グース　C：ジョン・ホイーラー（アン・ユーイング）

Q16

次のうち、シュバルツシルト半径を示す式はどれか。ただし、Gは万有引力定数、Mはブラックホールの質量、c は光速とする。

① $\dfrac{2GM}{c^2}$　　② $\dfrac{2GM}{c^4}$

③ $\dfrac{M^2c^2}{G}$　　④ $\dfrac{Mc^4}{G}$

Q17

太陽質量のブラックホールは半径が約3 kmである。では地球質量のブラックホールの半径はどれくらいか。太陽質量＝2×10^{30} kg、地球質量＝6×10^{24} kg、シュバルツシルト半径は質量に比例する。

① 1 km
② 1 m
③ 1 cm
④ 1 mm

Q18

2019年に、「世界初ブラックホール撮影成功　国立天文台などのチーム」と報じられた。撮影したのはどれか。

① X線観測衛星「ウフル」
② カイパー空中天文台
③ ハッブル宇宙望遠鏡
④ イベント・ホライズン・テレスコープ（EHT）

③ 50億年後

太陽程度の質量の星の寿命はほぼ100億年程度である。現在の太陽の年齢は46億年である。したがって太陽は、これから50億年ほどたつと赤色巨星になると考えられる。

第2回正答率87.0%

③ ダークマター

2013年に発表されたプランク衛星による最近の成果では、宇宙の内容物は原子や分子などからなる通常の物質（バリオン物質）が約5%、ダークマターが約27%、ダークエネルギーが約68%という数値となっている。バリオン物質、すなわち我々が知る星や星雲、星間ガスなどの割合は小さい。ミッシングフォトンというものはない。

① A：フレッド・ホイル　B：アラン・グース　C：ジョン・ホイーラー（アン・ユーイング）

ビッグバンは定常宇宙論者のフレッド・ホイルが膨張宇宙論を揶揄してそう呼んだものが定着した。宇宙のごく初期の指数関数的膨張を佐藤勝彦とアラン・グースは独立に提唱し、アラン・グースが使ったインフレーションが一般的に使われるようになった。ブラックホールはジョン・ホイーラーが1967年に使用したのが広まったとされるが、科学ジャーナリストのアン・ユーイングが『Science News Letter』誌の1964年1月18日号の記事で使ったのが形に残る最初の使用例である。

第7回正答率33.9%

① $\frac{2GM}{c^2}$

シュバルツシルト半径は、球対称なブラックホールの事象の地平面の半径を示すものである。これから計算すると、太陽の質量をもつブラックホールの半径は約3 kmになる。

第8回正答率51.7%

③ 1 cm

光速をc（＝3×10^8 m/s)、万有引力定数をG（＝6.67×10^{-11} N・m^2/kg^2)、ブラックホールの質量をMとすると、シュバルツシルト半径Rは$R=2GM/c^2$と表されるが、地球質量は太陽質量の約30万分の1であり、シュバルツシルト半径はブラックホールの質量に比例するので、3 kmの30万分の1を考えればよい。

第9回正答率56.2%

④ イベント・ホライズン・テレスコープ（EHT）

2019年4月に、国際研究プロジェクト「イベント・ホライズン・テレスコープ（EHT)」が、ブラックホールシャドウの撮影に初めて成功したと報じられた。EHTは、多数のミリ波・サブミリ波望遠鏡で地球規模の電波干渉計を構成して、ブラックホールのごく近傍、事象の地平線近くまでの画像を高い空間分解能で撮像し、ブラックホールの物理の解明を目指す国際研究プロジェクトである。チリにあるアルマ望遠鏡や南極点望遠鏡などが貢献している。ちなみに、X線観測衛星「ウフル」、カイパー空中天文台（航空機搭載の天体望遠鏡システム)、ハッブル宇宙望遠鏡の観測でもブラックホール候補の天体が発見されている。

第9回正答率67.6%

Q 19

写真の天体は何か。

©NASA

① わし座の特異星 SS433
② アンテナ銀河 NGC 4038-4039
③ 超巨大楕円銀河 M 87
④ クェーサー 3C353

Q 20

銀河系に存在する宇宙文明を見積もるドレークの式は、いくつかの要素を掛け合わせたものである。その要素として間違っているのはどれか。

① 銀河系の中で１年間に誕生する恒星の数
② １つの恒星系が惑星系をもつ確率
③ 生存に適した惑星に、実際に生命が誕生する確率
④ 知的生命が星間移動を行う確率

Q 21

フランク・ドレークが宇宙人からの通信を受け止めようとした計画は何か。

① ボイジャー計画
② オズマ計画
③ ドロシー計画
④ さざんか計画

宇宙の終わりの可能性について正しく説明したものはどれか。

① ビッグチルと呼ばれる、宇宙膨張で宇宙が冷たく凍りつく状態
② ビッグクランチと呼ばれる、宇宙が引き裂かれるような激しさで膨張し続ける状態
③ ビッグリップと呼ばれる、宇宙が収縮に転じて潰れてしまう状態
④ ビッグホールと呼ばれる、巨大重力で時空に穴が開いてしまう状態

② アンテナ銀河 NGC 4038-4039

アンテナ銀河は、2つの渦巻銀河 NGC 4038とNGC 4039が衝突しており、互いに潮汐力を及ぼし合うことで2本の長い腕状の構造がのび、これがアンテナのように見える。なお、ほとんどの銀河がその寿命の間に一度は他の銀河との衝突を起こすと考えられており、我々の銀河系も将来アンドロメダ銀河と衝突すると考えられている。

第7回正答率67.7%

④ 知的生命が星間移動を行う確率

ドレークの式は、「銀河系の中で1年間に誕生する恒星の数」「1つの恒星系が惑星系をもつ確率」「1つの恒星系がもつ生命が存在可能な惑星の数」「生存に適した惑星に、実際に生命が発生する確率」「発生した生命が知的になる確率」「知的生命が星間通信できる確率」「その知的生命が星間通信可能な期間」の7つの要素の積からなる。④は、星間「移動」とあるので誤りである。ちなみに、ドレークの式による見積もりはかなり幅があり、1という人もいれば、1億を超えるという人もいるようである。ドレーク自身は1961年に、10と見積もっている。

② オズマ計画

1960年、フランク・ドレークは西バージニア州にある26 m電波望遠鏡を用いて宇宙人からの電波の受信を試みた。これは、史上初めて実行された宇宙人探査計画（地球外知的生命体探査：SETI）であり、「オズマ計画」と名付けられた。「ボイジャー計画」は、アメリカ航空宇宙局（NASA）による太陽系の外惑星および太陽系外の探査計画で、探査機には各国のあいさつを収録したレコードがついている。「ドロシー計画」は、「オズマ計画」から50周年を記念して2010年に行われた世界合同SETI観測である。「さざんか計画」は、2009年日本での全国同時SETIキャンペーン観測である。

第9回正答率72.0%

① ビッグチルと呼ばれる、宇宙膨張で宇宙が冷たく凍りつく状態

②と③は説明が逆。引き裂かれるのがビッグリップで、潰れるのがビッグクランチ。加速膨張がゆっくりであれば、膨張に伴い宇宙全体が冷たく凍りつくだろうと考えられている。

第9回正答率43.7%

EXERCISE BOOK FOR ASTRONOMY-SPACE TEST

太陽は燃える火の玉か？

Q1

太陽－地球間の距離、太陽の直径、地球の直径を比にしたとき、最も近いものはどれか。

① 100000：100：1
② 10000：200：1
③ 10000：100：1
④ 1000：20：1

Q2

次の太陽の構造で、外側から並べたときに２番目にくるものはどれか。

① コロナ
② 黒点
③ プロミネンス
④ プラージュ

Q3

太陽を可視光で観測したときに、観測できる太陽表面を光球と呼ぶが、その温度はおよそいくらか。

① 4000 K
② 6000 K
③ 100万 K
④ 1400万 K

Q4

太陽中心核での核融合反応でエネルギーが発生してから、それが可視光として地球上で観測されるまでの時間オーダーで適切なのはどれか。

① およそ10分のオーダー
② 数十カ月のオーダー
③ 数百年のオーダー
④ 数十万年のオーダー

Q5

太陽表面の説明で間違っているのはどれか。

① 太陽の表面には、ここというはっきりとした境目はない
② 可視光で観測される表面は光球と呼ばれ、厚さは約500 kmである
③ 光球には太陽の表面で沸き立つ対流の渦が粒状斑として観測される
④ 黒点の周囲に見られる明るい模様が白斑で、磁場がほぼないので明るく見える

Q6

太陽表面に現れる黒点数は、平均して何年周期で増減するか。

① 11年
② 13年
③ 110年
④ 130年

Q7

次の文の空欄にあてはまる組み合わせとして正しいものはどれか。
「太陽表面に現れる黒点は周囲の光球より温度が【 A 】、磁場が【 B 】領域である。」

① A：高く　B：強い
② A：高く　B：弱い
③ A：低く　B：強い
④ A：低く　B：弱い

Q8

太陽の彩層を観察するのに最も一般的なフィルターは、何を透過するものか。

① 21 cm線
② Hα線
③ Ca K線
④ X線

③ 10000：100：1

太陽ー地球間の距離が約1億5000万km、太陽の直径が約140万km、地球の直径が約1.3万kmである。太陽ー地球間の距離、太陽の直径、地球の直径を比にしたとき①〜④のうち最も近いものは、③の10000：100：1となる。

第8回正答率51.8%

③ プロミネンス

外側から並べると、①コロナ、③プロミネンス、④プラージュ、②黒点の順となる。(コロナとプロミネンスの根元の高さは変わらないが、外側から並べるとこの順になる)。なお、黒点は強い磁場のため対流が妨げられているので、周囲と比べて温度が低く、凹んだ構造となる。そのため、①〜④の中では黒点が最も太陽の中心に近いと言える。

② 6000 K

①4000 Kは太陽の黒点の温度、③100万Kは太陽のコロナの温度、④1400万Kは太陽の中心の温度である。ちなみに地球の核もおよそ6000 Kで、太陽の光球の温度とほぼ同じである。

④ 数十万年のオーダー

太陽中心部で生じたエネルギーは放射層を数万〜数十万年で通過し、対流層を数カ月程度で通過した後に、その間元のガンマ線から可視光などに変換されながら、やっと太陽表面に到着する。太陽表面に達した光が地球まで届くのは約8分20秒。太陽の表面として見ている姿は約8分前のものだが、その背後にはもっと壮大な歴史が秘められていることに思いを馳せよう。

第9回正答率32.9%

④ 黒点の周囲に見られる明るい模様が白斑で、磁場がほぼないので明るく見える

白斑にも1000ガウス程度の磁場がある。また、黒点の周囲に見られるわけではなく、太陽の縁の部分に観測されることが多い。

第4回正答率66.6%

① 11年

黒点は、太陽表面へ磁力線が現れた場所である。そのため、黒点数が多いときは、太陽の磁場活動も盛んである。この太陽の活動周期は11年とされる。ただし、黒点の極性反転を考慮すると、活動周期は22年になる。

第6回正答率91.6%

③ A：低く　B：強い

太陽表面に現れる黒点は周囲の光球より温度が低く、磁場が強い領域である。太陽の自転に伴って表面を動いていき、縁へ近づくと黒点の暗部が見えにくくなり、半暗部が目立つようになる。この現象をウィルソン効果と呼ぶ。

第6回正答率90.2%

② Hα線

太陽の彩層は、光球の外側、コロナの内側に位置する薄いガスの層で、観測にはHα線を透過するフィルターがよく用いられている。太陽の紅炎（プロミネンス）の観測にはCa K線フィルターが用いられることが多い。21 cm線はイオン化されていない水素（中性水素）から放出されるもので、銀河系（天の川銀河）内の中性水素の分布から、銀河系が渦巻構造になっていることがわかった。X線は太陽の場合、フレアから強く放出される。

第8回正答率71.2%

Q 9

太陽の表面上で黒い筋（ダークフィラメント）が観測されることがある。次のどれと同じものと言えるか。

① プロミネンス
② 黒点
③ プラージュ
④ スピキュール

Q 10

太陽に磁場が存在することに直接関連する現象として適当でないものはどれか。

① 大規模フレアによって人工衛星が故障したりする可能性がある
② 黒点領域は周囲の光球に比べ温度が低いため暗く見える
③ 太陽表面には粒状斑と呼ばれる模様があり、数分で消滅・生成を繰り返す
④ 太陽コロナにはポーラープルームと呼ばれる筋状の構造が見られる

Q 11

プラージュとは、太陽のどこの活動領域か。

① 対流層
② 彩層
③ コロナ
④ 放射層

Q 12

活動型のプロミネンスは、どれくらいの時間で変化が見られるか。典型的な時間を選べ。

① 0.1 秒から数秒間
② 数十分から数時間
③ 数日から 1 週間
④ 数週間から数カ月

Q 13

太陽コロナの特徴の説明で間違っているものはどれか。

① コロナは太陽を取り巻く、100万Kほどの高温のガスである
② Cコロナは吸収線が見られないコロナで、高速運動する電離した電子が太陽光を散乱したものである
③ Fコロナは吸収線が見られるコロナで、微小な塵が太陽光を散乱したものである
④ Eコロナは高温コロナ中で電離したイオンから放出され、輝線で光っている

Q 14

太陽の自転について、間違っているものはどれか。

① 地球の自転方向と同じ方向に自転している
② 自転周期は、日ごとの黒点の位置の観測によって求めることができる
③ 1周する距離が短いため、赤道付近よりも極付近の方が自転周期は短い
④ 太陽の赤道付近の自転周期はおよそ25日である

Q 15

皆既日食の観測の際に発見され、当時太陽にしかないと考えられていた元素はどれか。

① ヘリウム　② アルゴン
③ ネオン　④ キセノン

Q 16

太陽のコロナのガスは、どのような状態となっているか。

① 有機物が燃焼している
② 核分裂を起こしている
③ 核融合を起こしている
④ 原子が電離している

① プロミネンス

プロミネンスは太陽の縁にあれば明るく見えるが、表面にあると背景の太陽光を吸収し黒い筋状に見える。黒点は磁場の影響で他の場所より表面温度が低くなったところ、プラージュは黒点周囲の活動領域がＨα線で明るく見えるもの、スピキュールは彩層一面でガスが噴き出しているところで、Ｈα線では筋のような模様に見える。

③ 太陽表面には粒状斑と呼ばれる模様があり、数分で消滅・生成を繰り返す

① 大規模フレアは太陽表面の磁力線のつなぎ変えで起きるので正しい。
② 黒点では磁力線により熱輸送が妨げられるので温度が低く暗くなるので正しい。
③ 粒状斑は太陽内部の対流運動によって発生するため、磁場が直接の原因ではない。
④ ポーラープルームは太陽の両極の双極磁場の磁力線構造を反映しているので正しい。

第5回正答率55.2%

② 彩層

プラージュは、太陽の彩層の明るい領域で、黒点の周囲によく見られる。活動領域で複雑に交錯する磁場によって、Ｈα線などの光が発せられて明るくなっている。

第6回正答率69.9%

② 数十分から数時間

数日間たっても変化が見られないものは、静穏型のプロミネンスと呼ばれる。活動型のプロミネンスは運動状態にあるプロミネンスで、数十分おきに観測することで、その運動の様子を詳しく調べることができる。

② Cコロナは吸収線が見られないコロナで、高速運動する電離した電子が太陽光を散乱したものである

コロナは彩層よりさらに上空に存在する、希薄なガスの広がりである。ガスの温度は100万Kもあり、光球や彩層よりも桁違いに温度が高い。そのため、コロナのガスは原子が電離した状態になっている。コロナはその輝き方でKコロナ、Eコロナ、Fコロナに呼び分けられている。吸収線が見られないコロナはKコロナで、「連続」を意味するドイツ語のKontinuierlichから取られており、英語のcontinuityではない。つまりCコロナという表現はなく②が正答となる。なおKコロナでは電子は高速運動しているので、その散乱光はドップラー効果で吸収線がかき消されて連続光になる。Fコロナは吸収線（Fraunhofer線）のF、Eコロナは輝線（Emission）のEからとった名称である。

第8回正答率35.0%

③ 1周する距離が短いため、赤道付近よりも極付近の方が自転周期は短い

①、②、④は正しい記述。太陽の自転は、赤道付近の方が極付近より自転周期が短い差動回転になっているので、③が間違った記述となり、正答となる。

第6回正答率58.4%

① ヘリウム

1868年の皆既日食の観測で、彩層にヘリウムによる輝線が発見された。当時は、ヘリウムが太陽にしかないと考えられていたために、太陽神ヘリオスにちなんで「ヘリウム」と命名された。

第6回正答率75.7%

④ 原子が電離している

太陽を取り巻くコロナの温度は約100万Kで、光球や彩層よりも桁違いに高温であるため、ガスの原子が電離した状態（プラズマ）となっている。コロナがなぜこのように高温になっているのかは、いまだ解明されていない。

第7回正答率78.2%

Q 17

太陽のコロナは、地上からなかなか見えないが、ある自然現象が起きているときには肉眼で見ることができる。その自然現象として、正しいものはどれか。

① 大規模なオーロラが出現しているとき　② 白夜
③ 巨大彗星がコロナを通過しているとき　④ 皆既日食

Q 18

2018年に打ち上げられた、太陽に接近してコロナをその場で観測する目的の探査機は、次のうちどれか。

①「ひので」
② ソーラー・ダイナミクス・オブザーバトリー
③ パーカー・ソーラー・プローブ
④ ステレオ

Q 19

次の図の中で、X線で撮影された太陽はどれか。

①

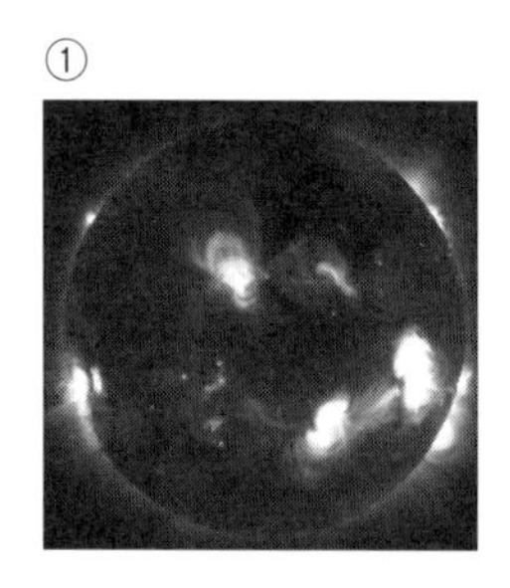

②

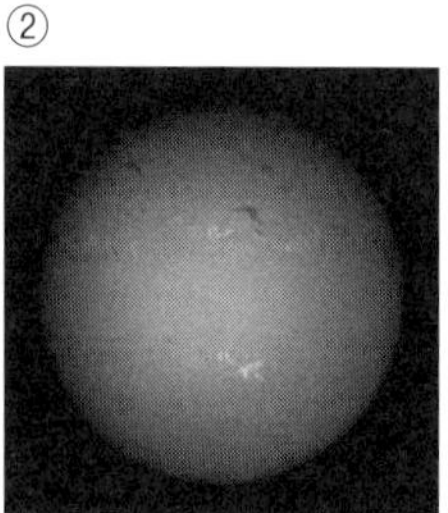

③

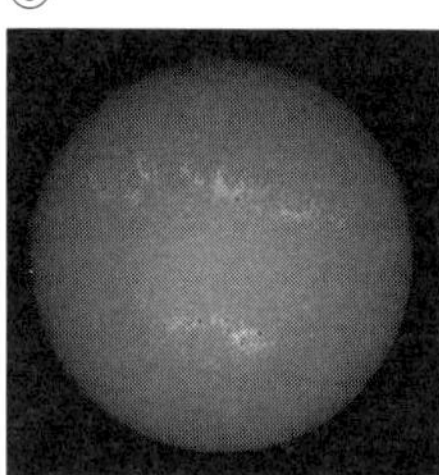

④

Q 20

次の文の空欄にあてはまる語の正しい組み合わせはどれか。
「太陽からやって来た【 A 】は、【 B 】にいったんとらえられ、地球の極域に降り注ぐ。このとき、地球大気の【 C 】を励起して幻想的なオーロラをつくりだす。」

① A：プラズマガス　B：地球大気圏の上層　C：窒素や二酸化炭素
② A：電磁波　B：地球磁気圏の頭部　C：酸素や二酸化炭素
③ A：プラズマガス　B：地球磁気圏の尾部　C：窒素や酸素
④ A：電磁波　B：地球大気圏の上層　C：水素や酸素

Q 21

太陽の活動に関して、現象が起こる順番が正しいものは次のうちどれか。

① フレア→CME→磁気嵐→電波障害
② 磁気嵐→フレア→電波障害→CME
③ CME→電波障害→フレア→磁気嵐
④ フレア→磁気嵐→CME→電波障害

Q 22

下のグラフは、フレアのエネルギーと発生頻度を示す。太陽型星の巨大フレアを表しているのはどれか。

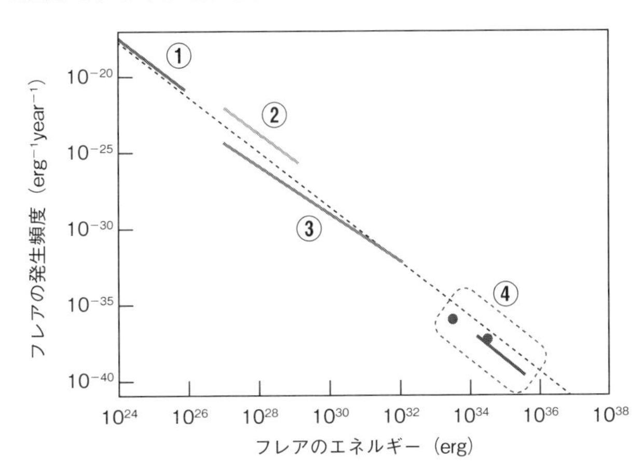

④ 皆既日食

コロナの輝きは淡い（暗い）ので、昼間は光球がまぶしすぎて見えない。しかし、皆既日食のときに光球からの光がさえぎられると、見ることができる。人工的に皆既日食を起こし、コロナを常時観測できるようにした装置をコロナグラフという。

③ パーカー・ソーラー・プローブ

「ひので」は日本の太陽観測衛星。「ソーラー・ダイナミクス・オブザーバトリー」は、アメリカの太陽観測衛星。どちらも可視光やX線で太陽の高解像度観測を行う。「ステレオ」は2機の衛星からなり、太陽やコロナ質量放出の構造を立体的に観測することを目的としている。

第9回正答率29.8%

①

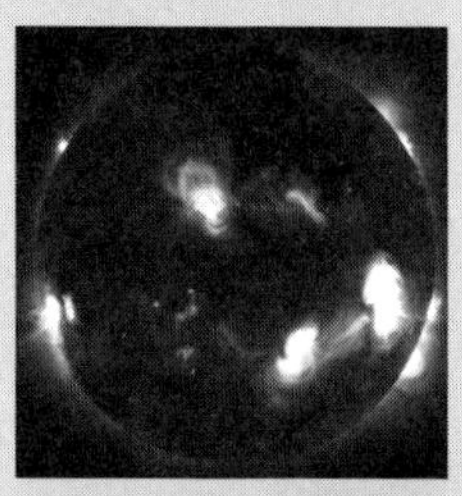

②はHα像（兵庫県立大学西はりま天文台提供）、③は電離カルシウムK線像（兵庫県立大学西はりま天文台提供）、④は皆既日食時の可視光像（戸田博之提供）。①のX線像（国立天文台/JAXA提供）では、太陽表面（光球）は暗く、高温のコロナや活動領域が明るく見えている。

第4回正答率78.2%

③ A：プラズマガス　B：地球磁気圏の尾部　C：窒素や酸素

太陽からは「太陽風」と呼ばれる電気を帯びた粒子（プラズマガス）が吹き出している。これが太陽風によってたなびく地球磁気圏の尾部にいったんとらえられ、尾部の磁力線のつなぎ変えによって地球の極域に降り注ぐ。すると、地球大気の外層の原子や分子に衝突、励起して光を放す。これがオーロラで、カーテン状のオーロラの緑の光は酸素原子、裾のピンクの光は窒素分子が励起された光である。

第4回正答率53.3%

① フレア→ CME →磁気嵐→電波障害

太陽表面で爆発現象（フレア）が起こると、コロナにある物質が宇宙空間に放出される（コロナ質量放出＝CME）。これが地球に達すると、地球磁気圏のバランスが崩れ（磁気嵐）、長距離の電波通信に障害が発生することがある。磁気嵐は電波障害だけでなく、強い磁場の変化により送電線に誘導電流を発生させ、1989年にカナダのケベック州で大規模な停電を発生させた。ちなみに、1988年にフランスからイギリスへ向けて行われた国際伝書鳩レースで、放たれた5000羽の鳩がほぼ全滅という結果になった。これは、そのとき発生した強い磁気嵐が原因ではないかと言われたが、他のレースでも帰還率が悪くなっており、原因は不明である。

第9回正答率69.3%

④

超大規模なフレアをスーパーフレアと呼び、ケプラー宇宙望遠鏡による観測から、太陽に似たタイプの星でも巨大なフレアが起きていることがわかった。グラフのようにフレアは規模が大きいほど、発生頻度が小さい。研究者の見積もりでは、最大級の太陽フレアより100倍大きなフレアは800年に1回発生する可能性があると言われ、そのときには地球にも甚大な被害が及ぶ可能性がある。なお、①はナノフレア、②はマイクロフレア、③は太陽フレアを示す（図はMaehara et al.を改変）。

EXERCISE BOOK FOR ASTRONOMY-SPACE TEST

まだ謎だらけ(!)の太陽系

Q 1 次の図の、内惑星の公転軌道における特別な点A、B、C、Dの呼び名として正しいのはどれか。

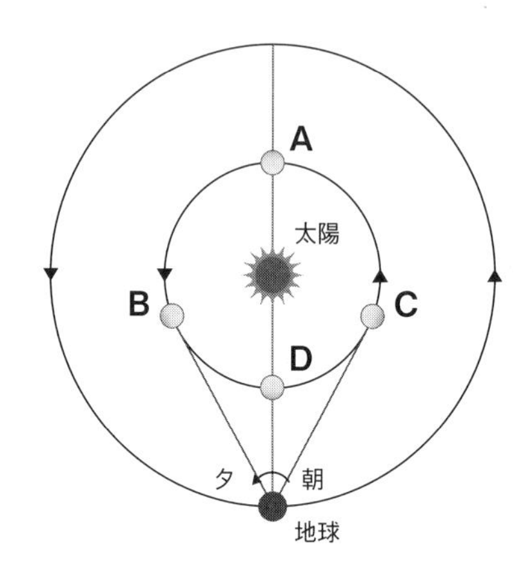

① A：内合　B：東方最大離角　C：西方最大離角　D：外合
② A：内合　B：西方最大離角　C：東方最大離角　D：外合
③ A：外合　B：東方最大離角　C：西方最大離角　D：内合
④ A：外合　B：西方最大離角　C：東方最大離角　D：内合

Q 2 惑星が天球上を東から西に移動して見える現象を何というか。

① 順行
② 逆行
③ 西方
④ 東方

Q3

惑星が天球上で一時停止したように見える現象を何と呼ぶか。

① 順行
② 逆行
③ 留
④ 合

Q4

地球から金星が最も明るく見えるのは、次の図中のどこに金星が位置しているときか。

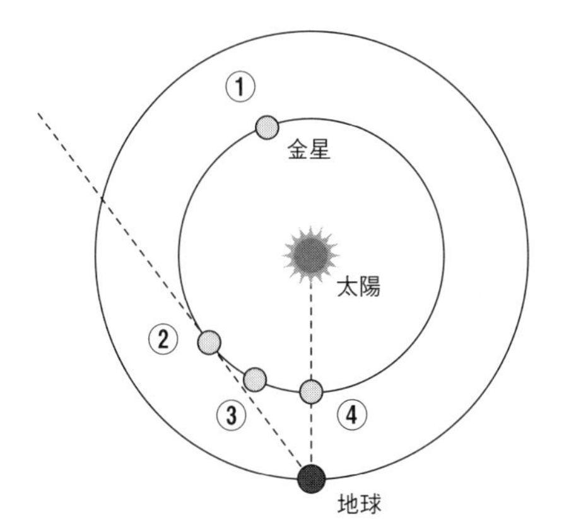

Q5

惑星の見え方について正しく述べたものはどれか。

① 金星が最も明るく見えるのは最大離角のときである
② 水星は最大離角と内合の間にあるときに最も明るく見える
③ 外惑星は逆行しているときに衝を迎える
④ 12年で黄道12星座を移動することから「歳星」と呼ばれていたのは土星である

③ A：外合　B：東方最大離角　C：西方最大離角　D：内合

内惑星ー太陽ー地球と直線に並ぶときを外合（A）、太陽ー内惑星ー地球と並ぶときを内合（D）と呼ぶ。また地球から見て、内惑星が太陽に対して東に最も離れて見えるときを東方最大離角（B）といい、西に向かう太陽の後についてくるかたちなので日の入後の西の空に内惑星が見える。これとは逆に、太陽に対して西に最も離れて見えるときを西方最大離角（C）といい、太陽に先行するので日の出前の東の空に内惑星が見える。

② 逆行

太陽系の惑星は、太陽の周りをすべて同じ向きに公転しているので、地球から見ると天球上を通常西から東に移動している（順行）。しかし、内惑星が地球を追い越すときや、外惑星が地球に追い抜かれるときには、惑星は天球上を東から西に移動する（逆行）。このように、惑星は星座の中でさまよっているようにも見えるため、「さまよう人」という意味で英語でplanet、「まどう星」という意味で日本語で惑星となった。ちなみに、遊星と訳されたこともあり、今でもフィクション作品の中で使われることもある。例えば、SFホラー映画“The Thing from Another World”は直訳すると「別世界から来た特別なもの」になるが、邦題は「遊星よりの物体X」となっている。

第9回正答率41.0%

③ 留

惑星は通常西から東へ毎日少しずつ移動する（順行）ように見えるが、惑星によって公転のスピードが異なるため、地球から見ると惑星が東から西へ逆に移動する（逆行）ように見えることがある。順行から逆行（またはその逆）に切りかわるときに、しばしその場に留まっているように見えるが、このときを留という。

③

金星は内合と外合の間で見かけの大きさが大きく変わり、また満ち欠けをして見えるため、単純に近いときに明るく見えるわけではない。金星が最も明るく見えるのは、大きさと形の兼ね合いで、④内合と②最大離角の中頃で、太めの三日月形をしている③のときだ。

第7回正答率22.6%

③ 外惑星は逆行しているときに衝を迎える

① 金星は最大離角と内合の中間付近で最も明るく見える。
② 水星は外合付近で最も明るく見える。
④「歳星」と呼ばれていたのは木星。

Q 6

次の図はOを中心、FとF′を焦点とする惑星の公転軌道を示している。ケプラーの第1法則によると、太陽はどこにあるか。

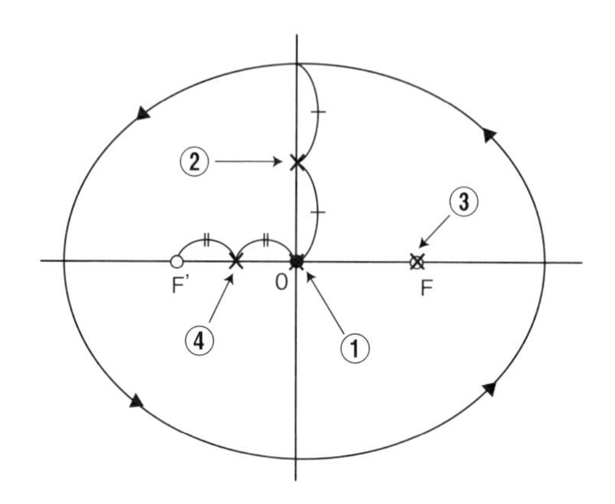

Q 7

ケプラーの第2法則は、何と同じ意味か。

① 慣性の法則
② エネルギー保存の法則
③ 角運動量保存の法則
④ エントロピー増大の法則

Q 8

軌道長半径が0.1天文単位の惑星があったとすると、その公転周期はおよそ何日になるか。

① 約1日
② 約5日
③ 約11日
④ 約55日

質量M［kg］の物体と質量m［kg］の物体がr［m］離れているとき、お互いの間に働く万有引力F［N］の記述として正しいものは、次のどれか。

① F はM とm の比に比例し、r に反比例する
② F はM とm の積に比例し、r に反比例する
③ F はM とm の比に比例し、r^2 に反比例する
④ F はM とm の積に比例し、r^2 に反比例する

Q 10

地球から最も遠いところまで飛行した探査機は次のうちどれか。

① 彗星探査機「ロゼッタ」
② 小惑星探査機「はやぶさ２」
③ 木星、土星に接近した「ボイジャー１号」
④ 冥王星、エッジワース・カイパーベルト天体を観測した「ニューホライズンズ」

「ボイジャー１号」はヘリオポーズに到着し、その後恒星間空間に入ったと考えられる。その理由について正しいものはどれか。

① 太陽風の速度がほぼ0になったことを観測した
② 地球上から通信ができなくなった
③ 天王星の軌道を超えた
④ 太陽光が届かなくなった

③

惑星の公転軌道は楕円を描く。太陽はその楕円軌道の1つの焦点に位置する。もう1つの焦点には特に何もない。

第6回正答率44.9%

③ 角運動量保存の法則

ケプラーの第2法則は、「太陽と惑星を結ぶ線分が、単位時間に一定の面積を描くように運動する」というものである。その結果、公転する天体が中心天体に近ければ速く、遠ければゆっくり運動する。これはつまり、一定質量の物体における角運動量保存の法則のことである。

第4回正答率76.7%

③ 約11日

ケプラーの第3法則を、軌道長半径 a を天文単位で、公転周期Pを年で表わすと$a^3/P^2=1$となる。軌道長半径が0.1天文単位ということは$P^2=0.001=10^{-3}$となる。

$$P=\sqrt{10^{-3}}=\sqrt{10\times10^{-4}}=\sqrt{10}\times10^{-2}\fallingdotseq3\times10^{-2}\text{年}$$
$$=3\times10^{-2}\times365\text{日}\fallingdotseq11\text{日}$$

となり、③の約11日が正答となる。系外惑星には実際にこのような短い公転周期のものが発見されている。

④ F は M と m の積に比例し、r^2 に反比例する

$$F = -G\frac{Mm}{r^2}$$ （Gは万有引力定数）

物体間に働く万有引力は物体の質量が大きいほど強くなるから、2物体の質量の積に比例する。また、精密な測定により、2物体間に働く万有引力は両者の距離の2乗に反比例することが知られている。以上のことから、④が正答となる。なお、数式右辺のマイナス記号は万有引力が引き合う力であることを表している。

第2回正答率62.7%

③ 木星、土星に接近した「ボイジャー１号」

「ボイジャー１号」は、1977年に打ち上げられ、1979年に木星に接近、1980年に土星に接近、2012年には太陽圏を脱出し、2020年現在でも星間航行を続けている、地球から最も遠いところまで到達した人工物である。搭載している原子力電池の供給能力は落ちてきているが、2025年頃までは地球と通信可能と見込まれている。ちなみに、彗星探査機「ロゼッタ」は近日点に近づきつつある彗星に接近したので、木星軌道付近までしか飛行していない。「ニューホライズンズ」は、2019年にエッジワース・カイパーベルト天体2014MU$_{69}$（アロコス；かつてウルティマ・トゥーレとも呼ばれていた）に最接近を果たしたが、太陽圏の脱出はこれからである。

第9回正答率66.7%

① 太陽風の速度がほぼ０になったことを観測した

ヘリオポーズ（太陽圏界面）では太陽風が恒星間空間の星間ガスの圧力と釣り合い、速度が0になる。ボイジャー１号は2012年に太陽風の速度が0になったことを観測した。

第8回正答率81.8%

Q12

長周期彗星の起源ともされ、太陽系の果てといわれている場所はどれか。

① オールトの雲
② ハビタブルゾーン
③ エッジワース・カイパーベルト
④ ヘリオポーズ

Q13

エッジワース・カイパーベルトに関する記述として、正しいものはどれか。

① 海王星よりも遠くに、たくさんの小天体が球殻状に分布している領域である
② 最初のエッジワース・カイパーベルト天体エリスは1950年代に発見された
③ これまでに知られているエッジワース・カイパーベルト天体はすべて、惑星よりも小さい
④ エッジワース・カイパーベルトよりもさらに遠い天体が「太陽系外縁天体」である

Q14

次のうち、近日点距離がもっとも遠い天体はどれか。

① 海王星
② セドナ
③ 2012 VP_{113}
④ 2014 MU_{69}

Q 15 彗星は便宜上、その周期によって長周期彗星と短周期彗星に分けられる。その境となる周期を選べ。

① 50年
② 100年
③ 200年
④ 400年

Q 16 現在の理論で太陽系形成の初期に起こったと考えられているものとして正しいのは、次のどれか。

① 分子雲全体が膨張と収縮を繰り返すうちにむらができ、惑星のもとが形成された
② 最初に1個の巨大惑星が生まれ、それが分裂し8個の惑星となった
③ 分子雲が収縮する際、角運動量の保存により太陽の回転速度が速くなった
④ 地球型惑星は、若い太陽が放つ強い熱により焼き固められてできた

Q 17 太陽系形成初期の様子を知ろうとするとき、有効であると考えられるのは次のどれか。

① 地球内部の物質を運んでくれる火山からの溶岩を調べる
② 太陽から飛来するプラズマ粒子をとらえ、その組成を調べる
③ 彗星から放出される物質をとらえ、その組成を調べる
④ 太陽系を取り巻く星間ガスの中に入り、その組成を調べる

① オールトの雲

太陽系の周りを球殻状に取り囲むように、氷などの小さな塊が多数存在すると推定されている領域。長周期彗星はここからやってくると考えられている。1950年にヤン・オールトが提唱した説であるが、オールトの雲そのものはまだ発見されていない。

第1回正答率86.8%

③ これまでに知られているエッジワース・カイパーベルト天体はすべて、惑星よりも小さい

① 名称の示すとおり、分布は「球殻状」ではなく、「ベルト状」なので誤り。
② 最初の天体は1992年に発見された、1992 QB_1（アルビオン）。エリスは2003年に発見された。
④「太陽系外縁天体」はエッジワース・カイパーベルト天体を含む。

第4回正答率36.7%

③ 2012 VP_{113}

2012 VP_{113}は2020年6月現在、これまで発見された太陽系外縁天体の中で近日点が最も遠く、約80天文単位で、海王星までの2.7倍もある。海王星の近日点は約30天文単位、小惑星セドナは約76天文単位、カイパーベルト天体2014 MU_{69}は約43天文単位である。なお、2014 MU_{69}は、2019年1月に探査機「ニューホライズンズ」が接近した天体で、これまで「ウルティマ・トゥーレ」の愛称で呼ばれてきたが、2019年11月に「アロコス」という正式名が決定した。

③ 200年

彗星も太陽の周りを公転する天体の仲間だが、その周期はさまざまで、数年という短いものから、数百年と長いものや、軌道が変化して戻ってこないものなどがある。それらの中で、周期が200年以上のものを長周期彗星、200年未満のものを短周期彗星という。なお、この200年という値に特別な意味はなく、便宜的なものである。

③ 分子雲が収縮する際、角運動量の保存により太陽の回転速度が速くなった

ゆっくり回転する分子雲が収縮するとき、角運動量が保存され、生まれた直後の太陽は、いまよりもずっと速い自転速度をもっていたはずである。太陽の強い磁場が高速に回転していると、それがブレーキとして働き、長い年月の間に今日のようなゆっくりした自転になったと考えられている。

第3回正答率25.5%

③ 彗星から放出される物質をとらえ、その組成を調べる

彗星は太陽系誕生時に形成され、太陽から遠く離れた冷たい場所からやってくる。そのため、太陽系形成時の様子を伝えてくれる「化石」のようなものと考えられている。

① 地球内部は「熱進化」により、初期の情報は失われている。

② 太陽から飛来する粒子は太陽外層部分の様子を伝えるものである。

④ 太陽系の外に出たのでは、太陽系形成初期の情報は得られない。

第4回正答率85.2%

Q18 京都モデルによると、惑星はどのように誕生したと考えられているか。

① 原始太陽系円盤の中の塵が集まって微惑星となり、それらが衝突合体して惑星ができた
② 原始太陽系円盤の中のガスと塵が集まって原始ガス惑星となり、その中で塵が中心部に沈殿して核をもつ惑星ができた
③ 原始太陽が爆発した際に飛び散った物質が集まってできた
④ 巨大な太陽フレアの衝撃波によってガスと塵が圧縮されてできた

Q19 現在の太陽系の雪線はどの位置にあるか。

① 金星と地球の公転軌道の間
② 地球と火星の公転軌道の間
③ 火星と木星の公転軌道の間
④ 木星と土星の公転軌道の間

Q20 木星が巨大惑星になれたのはなぜか。

① 太陽の重力の影響が比較的小さかったから
② 小惑星帯が木星の内側にあったから
③ 木星がつくられたあたりで水が氷としてたくさん存在したから
④ 土星と比べて環が成長しなかったから

Q
21

火星と木星の軌道の間に見られる小惑星帯について、正しく述べているものはどれか。

① 小惑星帯の天体を全部合わせても、質量は月より小さい
② もとは2～3の惑星が破壊されてできた
③ 小惑星同士の衝突は頻繁に起きており、やがて惑星になる
④ 小惑星帯を通過する地球からの探査機のおよそ半数が、小惑星に衝突し破壊された

Q
22

小惑星ベンヌの探査を行っている探査機はどれか。

① はやぶさ2
② 嫦娥2号
③ ドーン
④ オシリス・レックス

① 原始太陽系円盤の中の塵が集まって微惑星となり、それらが衝突合体して惑星ができた

現在考えられている太陽系形成の基本的なシナリオは、1980年頃に京都大学の林忠四郎が提唱した京都モデルが標準となっている。②は京都モデルに対抗する別のモデルによる考え方だが、現在では大まかなシナリオとしては京都モデルの方が有力だと考えられている。

第6回正答率79.9%

③ 火星と木星の公転軌道の間

金星、地球、火星、木星、土星の太陽からの平均距離はそれぞれ0.7天文単位、1天文単位、1.5天文単位、5.2天文単位、9.6天文単位である。現在の太陽系の雪線は3天文単位付近にあるため、雪線は火星と木星の公転軌道の間にある。

第8回正答率60.3%

③ 木星がつくられたあたりで水が氷としてたくさん存在したから

原始太陽系円盤の中には水がたくさん存在していたと考えられているが、太陽の近くでは水蒸気となり、遠くでは氷となる。この境界を雪線（スノーライン）といい、雪線よりも遠くには氷を含めて材料がたくさんあって、巨大惑星の成因となった。

第7回正答率34.0%

① 小惑星帯の天体を全部合わせても、質量は月より小さい

小惑星帯が1つの惑星にならなかったのは、先にできた木星の重力の影響を受けたことや、そもそも全体の質量が地球の月の1/35ほどに過ぎなかったからと考えられる。小惑星同士の衝突は起きているが、惑星形成につながるとは考えにくい。ちなみに、小惑星が無数にあるとはいえ、小惑星帯の大半は空間で、探査機は衝突するどころか慎重に狙いをつけないと到達することは困難である。

第9回正答率93.1%

④ オシリス・レックス

アメリカの小惑星探査機「オシリス・レックス」は2018年に小惑星ベンヌに到着し観測を行っており、2020年後半にサンプル採取を行う予定である。小惑星探査機「はやぶさ2」は2018年に小惑星リュウグウに到達し、2019年には2度のタッチダウンを成功させた。中国の月探査機「嫦娥2号」は、月探査ミッションののち、2012年に小惑星トータティスのフライバイ観測を行った。アメリカの探査機「ドーン」は、2011年に小惑星ベスタを、2015年に準惑星ケレスの周回探査を行なった。

EXERCISE BOOK FOR ASTRONOMY-SPACE TEST

十人十色の星たち

Q1

天体の明るさに関して正しいのはどれか。

① ギリシャのアリストテレスが、初めて肉眼で見える星の明るさを等級で分類した
② 星の明るさと等級差の関係を初めて数式で定義したのは、イギリスのジョン・ハーシェルである
③ 太陽の見かけの明るさは－26.7等級、満月は－12.7等級である
④ 絶対等級を求める際の基準となる距離は、10光年である

Q2

次の天体のうち、見かけの等級の数値が最も小さくなる天体はどれか。

① 金星　② 火星
③ ベテルギウス　④ 北極星

Q3

太陽（明るさ－26.7等級）は、満月（明るいときで－12.7等級）のおよそ何倍の明るさか。

① 40倍　② 4000倍
③ 40万倍　④ 4000万倍

Q4

肉眼で見える最も暗い恒星は6等級だと言われている。一方、すばる望遠鏡は28等級まで観測できる。すばる望遠鏡は、肉眼のおよそ何分の1の明るさの星まで見えていることになるか。

① 約600分の1　② 約6万分の1
③ 約600万分の1　④ 約6億分の1

Q 5

星の見かけの等級と絶対等級との違いは、星の何が違うことで生じるか。

① 温度
② 距離
③ 質量
④ 半径

Q 6

主系列星の光度をL 、表面温度をT、半径をR、質量をMとして、次のア〜ウの関係が成り立っているとすると、間違っているものはどれか。

ア：HR図からの経験則　L＝定数×T^8
イ：ステファン・ボルツマンの法則から　L＝定数×R^2 T^4
ウ：質量光度関係から　L＝定数×M^4

① R＝定数×T^2
② T＝定数×$\sqrt{M}$
③ L＝定数×R^2
④ R＝定数×M

Q 7

ある恒星の表面温度は太陽のおよそ半分であるが、光度は10万倍にもなる。この恒星の半径はどの程度か。

① 太陽半径の10倍
② 太陽半径の100倍
③ 太陽半径の1000倍
④ 太陽半径の10000倍

③ 太陽の見かけの明るさは－26.7等級、満月は－12.7等級である

初めて星の明るさを等級で表したのは、ギリシャのヒッパルコス。その後、イギリスのノーマン・ポグソンが星の明るさと等級差の関係を数式で定義した。絶対等級を求める際の基準となる距離は、32.6光年（10パーセク）である。

第5回正答率74.7%

① 金星

金星は最も明るいときで約－5～－4等、火星は最も明るいときで約－3等、ベテルギウスは約0等、北極星は約2等。等級は明るいほど小さい数値で表すので、金星が一番明るくなる。

第6回正答率24.2%

③ 40万倍

太陽と満月の等級差は14.0である。5等級差でちょうど明るさは100倍なので、答えは1万倍（10等級差）から100万倍（15等級差）の間になる。厳密には、等級の定義 $I_2/I_1=100^{(m_1-m_2)/5}$〔$I_2/I_1$は明るさの比、$m_1-m_2$は等級差〕を使って、$100^{\{-12.7-(-26.7)\}/5}$≒39万8000倍となる。ちなみに、太陽の絶対等級（10パーセク≒32.6光年の距離においたときの等級）は、4.83等である。およそ10パーセクにあるふたご座の1等星ポルックスよりもずっと暗い。

④ 約6億分の1

1等級差で明るさは約2.5倍（2.5分の1）となり、5等級差で明るさは100倍（または100分の1）となる。本問の場合、28－6＝22等級の差があるため、22＝5×4＋2となり、少なくても明るさは100の4乗分の1＝1億分の1以下になるはずだ。この時点で正答が④となる。なお、2等級差は2.5×2.5＝約6.25倍（6.25分の1）であるから、正確には6億2500万分の1となる。

第8回正答率48.0%

② 距離

見かけの等級は地球から見たときの等級であり、絶対等級は星を32.6光年（10パーセク）の距離においたときの等級である。明るさは距離の2乗に反比例するので、距離の違いにより、見かけの等級と絶対等級に差が生じる。

第1回正答率81.1%

③ L ＝定数× R^2

主系列星の表面温度の常用対数を横軸に、光度の常用対数を縦軸にとってグラフを描くと、傾きがおよそ8の直線で近似することができ、アの経験則が得られる。アとイから①が、アとウから②が導かれる。するとアと②から L ＝定数× R^4 という関係が導かれる。④は①と②より導かれる。

第8回正答率37.7%

③ 太陽半径の1000倍

恒星の光度 L は半径 R の2乗と温度 T の4乗に比例する。つまり、$L \propto R^2 T^4$ である。これを変形すると、$R \propto T^{-2} L^{1/2}$ となる。このことから、恒星の半径は温度の2乗に反比例し、光度の平方根に反比例する。したがって、この恒星の半径は、太陽との比較から、

$$(1/2)^{-2} \times \sqrt{100000} \fallingdotseq 2 \times 3 \times 10^2 = 6 \times 10^2 \fallingdotseq 1000$$

である。すなわち、太陽半径の1000倍と求められる。

第9回正答率50.4%

天文学において用いられる色指数とは何か。

① ベガと比べたときの星の表面温度の差
② 光の波長（単位メートル）の常用対数
③ 2つの異なる色フィルターを通して測光したときの等級差
④ 実視等級（見かけの等級）と絶対等級の差

Q 9

太陽のスペクトルに見られるフラウンホーファー線は、なぜあらわれるか。

① 太陽の大気中にある元素が特定の波長の光を放射するため
② 太陽の大気中にある元素が光球からの特定の波長の光を吸収するため
③ 太陽の光球が特定の波長の光をより強く放射しているため
④ 太陽の光球が特定の波長の光を放射していないため

Q 10

太陽スペクトルに見られるD線とは何か。

① スペクトル型がDであることを意味する
② ナトリウムの出すスペクトル線である
③ 太陽スペクトルの発見者の頭文字に由来する
④ Dバンドに見られるスペクトル線である

Q 11

電磁波を、波長の長い順に正しく並べたものはどれか。

① 電波－赤外線－紫外線－X線
② 紫外線－X線－電波－赤外線
③ 赤外線－電波－X線－紫外線
④ X線－紫外線－赤外線－電波

Q 12 天体の観測に使われる電磁波のうち、地上では全く観測できないのはどれか。

① X線
② 可視光線
③ 赤外線
④ 電波

Q 13 太陽が放射する電磁波のうち、最も強く放射する光の波長は何によって決まるか。

① 年齢
② 表面温度
③ 半径
④ 重元素量

Q 14 恒星のスペクトル型についての説明で適当でないものを選べ。

① O型星は、恒星の中で平均的な温度と質量をもつ
② A型星は、ベガと同じような表面温度をもち、水素の吸収線が最も強い
③ G型星は、太陽と同じような表面温度をもち、金属元素の吸収線が見られる
④ M型星は、O、A、G型より表面温度が低く、吸収線の本数が多い

③ 2つの異なる色フィルターを通して測光したときの等級差

恒星の表面温度を知るためには、表面温度によって変化する恒星の色を測定するのがよい。恒星の色は基本的に同じ温度の黒体放射の色に近く、放射波長のうち2つの色域の明るさの比（すなわち等級の差）で知ることができる。これが色指数である。色指数は1つの恒星について、フィルターを変えて2回観測すれば求めることができるので手軽なほか、スペクトルと違って色を細かく分解する必要がないので、暗い星でも測定がしやすい。

② 太陽の大気中にある元素が光球からの特定の波長の光を吸収するため

1802年、イギリスのウィリアム・ウォラストンが、太陽光のスペクトルの中にいくつかの暗線の存在を報告した。1814年にヨゼフ・フォン・フラウンホーファーは、ウォラストンとは別に暗線を発見し、570を超える暗線について波長を計測し、主要な線にAからKの記号をつけた。その後、ロベルト・ブンゼンやグスタフ・キルヒホッフにより、太陽大気中の元素や地球大気中の酸素などが、特定の波長の光を吸収するために生じることが示された。

第7回正答率66.8%

② ナトリウムの出すスペクトル線である

太陽スペクトルのABC･･･というスペクトル線は、ヨゼフ・フォン・フラウンホーファーが発見して名付けた名称であり、D線は、ナトリウムの暗線（吸収線）である。

第7回正答率59.9%

① 電波－赤外線－紫外線－X 線

電磁波は波長域ごとに長い方から電波、赤外線、可視光線、紫外線、X線、ガンマ線と呼ばれる。

第9回正答率86.7%

① X線

地球の大気は、電磁波のうち可視光線と赤外線、電波の一部はよく通すが、紫外線はかなり吸収され、ガンマ線やX線は完全に吸収されてしまうため、地上での観測が難しい。しかし、ガンマ線やX線や紫外線で明るくみえる天体もあるため、もっぱら人工衛星を活用した宇宙空間での観測が行われる。X線に関しては、高高度の気球も使われていた。なお、地上で十分観測できる可視光線でも、宇宙空間では大気のゆらぎの影響がないので、宇宙望遠鏡が活躍している。

第8回正答率60.2%

② 表面温度

太陽のような恒星が放射する電磁波は、黒体放射（熱放射）で近似できる。黒体放射のスペクトルは放射源の温度だけで決まり、放射が最も強い波長も温度だけで決まる（ウィーンの変位則）。太陽の場合も表面温度は約6000 Kで、スペクトルのピークの波長は約500 nmである。

第9回正答率84.4%

① O型星は、恒星の中で平均的な温度と質量をもつ

O型星は、恒星分類の中で最も高温、大質量星である。そのため①の記述は誤りであり、正答となる。A型星のスペクトルには水素の線が強く現れ、G型星は太陽と似て金属吸収線が見られる。M型星は低温で、吸収線の数が多い。

次の星のうち、可視光の青色の波長帯で測定した明るさが、赤色の波長帯で測定した明るさより明るい星はどれか。

① ベテルギウス
② ポルックス
③ 太陽
④ リゲル

Q
16

緑色に見える恒星がほとんどないのはなぜか。

① 恒星が緑色の光をほとんど出さないから
② 星間塵が緑色の光を吸収するから
③ 地球大気が緑色の光を通さないから
④ 緑色の光以外の色の光も含まれているため、緑色には見えないから

Q
17

HR図の「HR」は何の略か。

① ハッブルとライマン
② ハッブルとラッセル
③ ヘルツシュプルングとライマン
④ ヘルツシュプルングとラッセル

Q 18 次のHR図で白色矮星を表しているものはどれか。

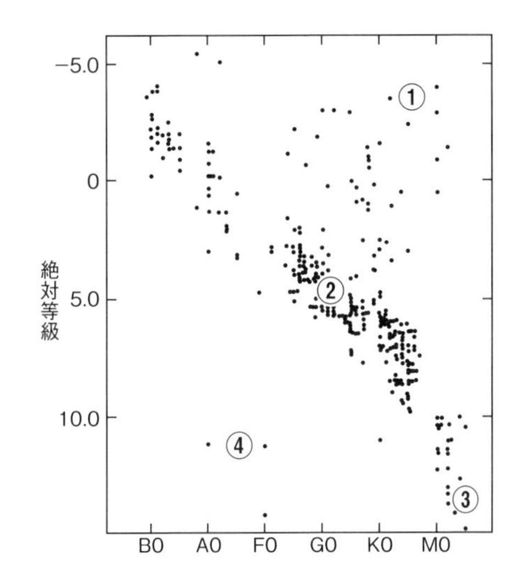

Q 19 次のHR図の中で、太陽の位置として最も適当なものはどれか。

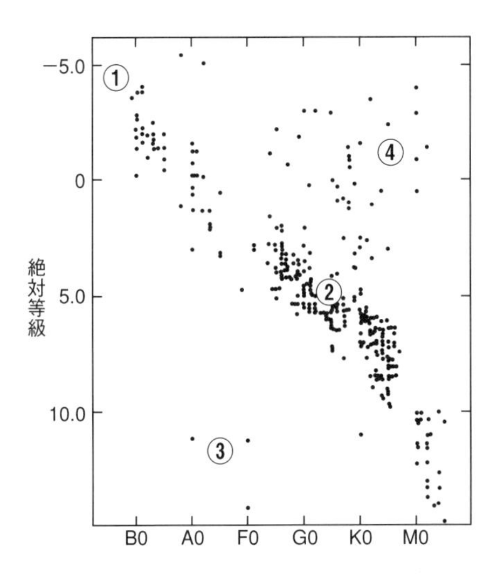

④ リゲル

リゲルはスペクトル型がB型と高温な星であり、青く輝く。そのため、リゲルの明るさは青色の波長帯の方が赤色の波長帯よりも明るくなる。なお、ベテルギウスはM型、ポルックスはK型、太陽はG型で、いずれも青色の波長帯よりも赤色の波長帯の方が明るい。

④ 緑色の光以外の色の光も含まれているため、緑色には見えないから

太陽は波長500 nm付近（緑）にスペクトルのピークがあり、緑色の光が最も強いが、他の色の光も放っているので、全体としては白く見える。太陽と同じように緑にピークをもつ恒星の色も人間の目（脳）は「白」と感じる。また、暗いものに感度のある視細胞（杆(かん)体細胞）が色を見分けられないのも、星が白く見える原因である。なお、てんびん座ベータ星は緑色に見える星として知られているが、実際には青白い星である。

第5回正答率15.8%

④ ヘルツシュプルングとラッセル

HR図（ヘルツシュプルング・ラッセル図）は星の観測から直接わかる絶対等級とスペクトル型を軸とした図で、最初に提唱したデンマークの天文学者アイナー・ヘルツシュプルングとアメリカの天文学者ヘンリー・ノリス・ラッセルの頭文字をとって付けられた。なお、絶対等級から星の光度が求まり、またスペクトル型から星の表面温度が求まるので、光度と表面温度を軸とする図もよく使われる。

④

図の①は赤色巨星（明るいが低温の天体）、②は主系列星（大多数の星がふくまれ、HR図の左上から右下に帯状に存在する）、③は褐色矮星（低温で暗く、質量が非常に小さい）、④は白色矮星（温度は高いが暗い天体）である。

第8回正答率88.0%

②

HR図上で、①や②を含む左上から右下に帯状に存在している星を主系列星といい、左上ほど高温で質量が大きい恒星、右下ほど低温で質量が小さい恒星が分布している。一方、③のような高温で暗い星を白色矮星、④のような低温で明るい星を赤色巨星といい、主系列星から進化が進んだ段階にある。太陽はスペクトル型がG型で比較的低温の主系列星であるため、現在は②の位置にある。進化が進むと④の位置を経て③になると予測されている。

Q20

次のHR図の中で、星の表面積が最も大きいのはどの位置にある星か。

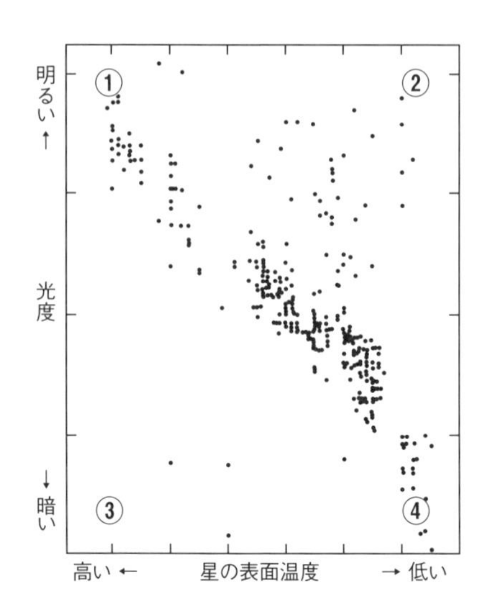

Q21

次の観測画像は、HL Tauという天体である。この天体及び観測画像の説明として、間違っているものはどれか。

① チリのアルマ望遠鏡による電波観測から得られた

② 進化の最終段階にあり、ガスを放出している天体である

③ Tauという名前は、この天体がおうし座に位置することを示す

④ ハワイのすばる望遠鏡による近赤外観測でも、この天体の姿が捉えられていた

銀河Ａと銀河Ｂに、同じ周期をもつセファイド型変光星が観測され、銀河Ａのセファイドの方が、銀河Ｂのセファイドより５等級明るかった。銀河Ａまでの距離と銀河Ｂまでの距離として正しいものはどれか。

① 銀河Ａの方が銀河Ｂより10倍遠い
② 銀河Ｂの方が銀河Ａより10倍遠い
③ 銀河Ａの方が銀河Ｂより100倍遠い
④ 銀河Ｂの方が銀河Ａより100倍遠い

Q
23

変光星の説明のうち、間違っているものはどれか。

① 星自体が膨張や収縮を繰り返して、明るさが変わるタイプの変光星を伸縮変光星という
② 連星がお互いを隠し合って、明るさが変わるタイプの変光星を食変光星という
③ 星が最期を迎えるときに起こす爆発である超新星も変光星の一種である
④ 星の表面で爆発現象が起きて、明るさが変わるタイプの変光星もある

②

ステファン・ボルツマンの法則によると、星の明るさは表面温度の4乗に比例し、表面積に比例する。言い換えれば、星の表面積は星の明るさに比例し、表面温度の4乗に反比例する。つまり、同じ明るさなら表面温度が低い星のほうが、同じ表面温度ならば明るい星のほうが、それぞれ表面積が大きい。

第8回正答率91.5%

② 進化の最終段階にあり、ガスを放出している天体である

図はアルマ（ALMA）電波望遠鏡が捉えた、おうし座HL原始星周囲の原始惑星系円盤である［©ALMA（ESO/NAOJ/NRAO）］。野辺山45 m電波望遠鏡やすばる望遠鏡でも過去に、原始星周囲のガスや星雲が捉えられている。いくつかの暗いリング部分で原始惑星が形成されつつあるのではないかと推定されている。

② 銀河Ｂの方が銀河Ａより10倍遠い

セファイド型変光星は周期と光度に一定の関係（周期光度関係）がある。変光周期が同じなので、いずれのセファイド型変光星も同じ光度をもつ。銀河Aの方が銀河Bのそれより5等級明るいので、銀河Bのセファイドは銀河Aのセファイドの1/100の明るさになる。明るさは距離の2乗に反比例するので、銀河Bの距離は銀河Aの距離の10倍あることがわかり、②が正答となる。

① 星自体が膨張や収縮を繰り返して、明るさが変わるタイプの変光星を伸縮変光星という

星自体が膨張や収縮を繰り返して明るさが変わるタイプの変光星は脈動変光星という。星の表面で爆発現象が起きて、明るさが変わるタイプの変光星はフレア星（閃光星）と呼ばれる。

星々の一生

主系列星の燃料である水素の量は質量に比例し、水素の消費率は光度に比例する。主系列星の寿命についての記述として正しいものはどれか。

① 質量が大きいほど燃料が多いので寿命は長くなる

② 質量が大きいほど燃料は多いが、その消費率とバランスしているため、質量による寿命の違いはほとんど生じない

③ 質量が大きいほど燃料は多いが、その消費率がそれ以上に大きくなるため、質量が大きいほど寿命は短くなる

④ 太陽と同程度の質量の主系列星の寿命はおよそ500億年である

Q 2

質量が太陽の2倍の主系列星の光度は、太陽の光度のおよそ何倍になるか。

① 1/100倍

② 1/10倍

③ 10倍

④ 100倍

Q 3

原始星の記述として間違っているものはどれか。

① エネルギー源は重力エネルギーである

② 温度が低いため、主に赤外線で輝いている

③ 中心部で核融合反応が生じると、急激に膨張して赤色巨星になる

④ 中心部で核融合反応が生じる前に収縮が止まると、褐色矮星になる

次の星の集団のうち、重力的な束縛が最も弱いものはどれか。

① 近接連星
② アソシエーション
③ 散開星団
④ 球状星団

Q5

主系列星の中心温度はおよそどのくらいか。

① 2.7 K
② 6000 K
③ 100万K
④ 1000万K以上

Q6

白色矮星の大きさと質量について正しい組み合わせはどれか。

① 大きさ：太陽程度　　質量：地球程度
② 大きさ：太陽程度　　質量：太陽程度
③ 大きさ：地球程度　　質量：地球程度
④ 大きさ：地球程度　　質量：太陽程度

Q7

次の1等星のうち、赤色巨星はどれか。

① おおいぬ座のシリウス
② こと座のベガ
③ わし座のアルタイル
④ さそり座のアンタレス

③ 質量が大きいほど燃料は多いが、その消費率がそれ以上に大きくなるため、質量が大きいほど寿命は短くなる

主系列星の質量Mと光度Lの間には、$L \propto M^{3\sim4}$（$\propto$は比例するという記号）で表される質量光度関係が成り立つ。主系列星の寿命τは、燃料である水素の量に比例する質量を水素の消費率に比例する光度で割った値で見積もることができ、$\tau \propto M/L \propto 1/M^{2\sim3}$と表される。つまり星の寿命は質量の2～3乗に反比例するため、質量の大きな主系列ほど寿命が短くなり、③が正答となる。なお、太陽の主系列星としての寿命はおよそ100億年と推定されている。

第7回正答率86.0%

③ 10倍

主系列星の光度は、質量のおよそ3～4乗に比例するという「質量光度関係」が成り立つ。質量が太陽の2倍の主系列星の光度は、2の3乗～4乗で、8～16倍の間の値を選択肢から選べばよく、③が正答となる。

第9回正答率75.5%

③ 中心部で核融合反応が生じると、急激に膨張して赤色巨星になる

原始星は、自己重力で星間ガスが収縮して星を形成するときに解放される重力エネルギーで輝く段階の星であり、表面温度が低いため主に赤外線を放射する。したがって①と②は正しい記述である。質量が太陽質量の0.08倍より小さいと、中心部で核融合反応が起こる前にガスの圧力で収縮が止まり、エネルギー源がなくなって褐色矮星となる。そのため④も正しい記述となる。中心部で核融合反応が始まると、原始星の収縮は止まり、星は主系列星として安定的に輝きはじめる。赤色巨星に進化するのは主系列星であり、③の記述が誤っているため、③が正答となる。

第7回正答率71.1%

② アソシエーション

暗黒星雲や巨大分子雲の中では星が集団でつくられる。連星は2個〜数個の星が共通重心のまわりを公転している。散開星団は、星数が数十個〜数百個で、星がまばらに集まっているように見える。球状星団は星数が数万個〜数十万個で、星が球状に密集している。アソシエーションは十〜百個程度の星が広い範囲に散らばっている。重力的な束縛が弱いため、次第に集団として認識されなくなる。

④ 1000万K以上

主系列星は中心温度が1000万Kを超え、中心で水素の核融合が起こっている段階の星である。なお、①は宇宙背景放射に相当する黒体の温度、②は太陽の表面温度、③は太陽コロナの温度である。

④ 大きさ：地球程度　　質量：太陽程度

白色矮星は、質量は太陽程度であるが、大きさは地球と同程度の天体である。

第8回正答率82.3%

④ さそり座のアンタレス

さそり座の心臓にあたるアンタレスが赤い色をしているのは、よく知られているのではないだろうか。表面温度は3500K程度で太陽より低いが、半径は太陽のおよそ700倍もある赤色巨星である。シリウス、ベガ、アルタイルはいずれも白く輝く主系列星である。

第6回正答率86.5%

Q8 星の進化に関する次の文A、Bの正誤の組み合わせとして最も適当なものはどれか。

A：褐色矮星は、収縮による重力エネルギーで輝いている表面温度の低い星である

B：白色矮星は、超新星爆発後に中心部に残される高密度の星である

① A：正　B：正
② A：正　B：誤
③ A：誤　B：正
④ A：誤　B：誤

Q9 次の画像を星の進化の段階順に並べたとき、正しいものはどれか。

A：ベテルギウス

©A.Dupree (CfA), R.Gilliland (STScI), NASA

B：シリウスA

©NASA

C：コーン星雲

©Hubble Legacy Archive, NASA, ESA-Processing & Licence: Judy Schmidt

D：Simeis 147

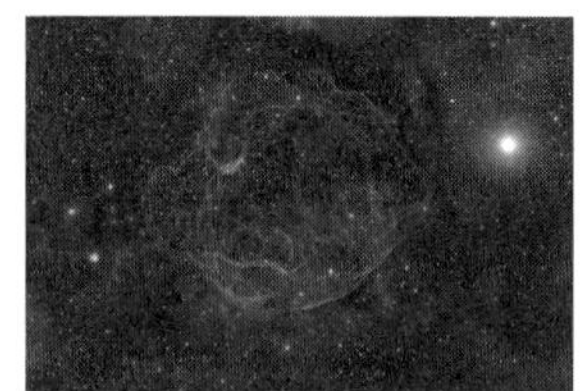

©Rogelio Bernal Andreo (Deep Sky Colors)

① C→B→A→D　② C→A→B→D
③ D→B→A→C　④ D→C→A→B

Q10

次の文の空欄にあてはまる組み合わせとして最も適当なものを選べ。
「質量が太陽の質量の【 ア 】倍より大きく、かつ8倍より小さい場合、星は【 イ 】、星としての死を迎えることになる。」

① ア：0.08　　イ：惑星状星雲を形成して
② ア：0.08　　イ：超新星爆発を起こして
③ ア：0.46　　イ：惑星状星雲を形成して
④ ア：0.46　　イ：超新星爆発を起こして

Q11

図は、HR図上での太陽程度の質量の星の進化経路を表したものである。惑星状星雲を形成するのは図中のどの段階か。

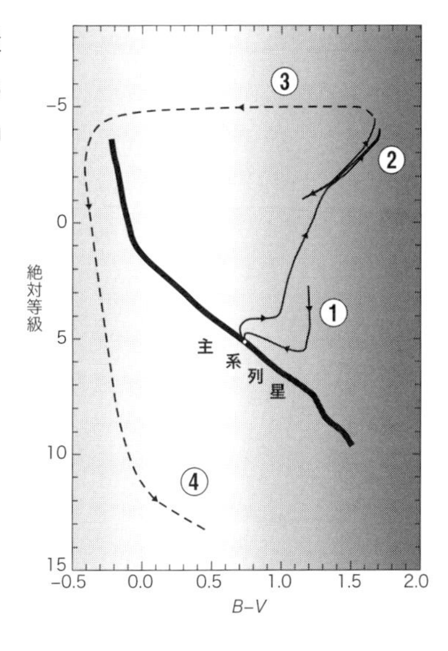

④ A：誤　B：誤

重力エネルギーで輝いている星は原始星である。褐色矮星は、質量が小さいため、原始星から主系列星になれなかった星である。そのためAは誤りである。白色矮星は、赤色巨星の外層が静かに宇宙空間に離れ、惑星状星雲を形成するときに中心部に残される高密度の星であり、Bも誤りである。したがって④が正答となる。なお、超新星爆発後に中心部に残される高密度の星は中性子星かブラックホールである。

① C→B→A→D

恒星はガスの塊である分子雲の、なかでも密度が高い部分で生まれる。その後、原始星を経て一人前の星、主系列星となる。年老いた星は赤く膨らんだ赤色巨星となり、ガスを噴き出して惑星状星雲となるか、大爆発を起こして超新星残骸を残すかして最期を迎える。Aのベテルギウスは赤色巨星、BのシリウスAは主系列星、Cのコーン星雲は分子雲、DのSimeis 147は超新星残骸であるため、正答は①となる。

第5回正答率76.5%

③ ア：0.46　　イ：惑星状星雲を形成して

質量が太陽の0.46～8倍の質量の星は、赤色巨星に進化した後、外層を静かに宇宙空間に放出して惑星状星雲を形成し、中心部に白色矮星を残して星としての死を迎える。質量が太陽の0.08～0.46倍の質量の星は最後に白色矮星となるが、惑星状星雲は形成しない。したがって③が正答となる。

③

太陽質量の8倍よりも質量の小さい星は、赤色巨星になった後、ヘリウムの核融合反応により再び温度が上昇し、HR図上を左に移動していく。この時、膨張した星の外層部が静かに宇宙空間に放出され、これが惑星状星雲を形成する。なお、惑星状星雲の中心部に残った星のコアの部分の核融合反応はストップし、白色矮星となる。

第4回正答率53.4%

Q 12

次の文の空欄にあてはまる組み合わせとして最も適当なものを選べ。
「質量が太陽の5倍の恒星は、赤色巨星に進化した後【 ア 】、中心部には【 イ 】が残る。」

① ア：超新星爆発を起こし　　イ：中性子星
② ア：超新星爆発を起こし　　イ：白色矮星
③ ア：惑星状星雲を形成し　　イ：中性子星
④ ア：惑星状星雲を形成し　　イ：白色矮星

Q 13

Ⅱ型超新星爆発に関する記述として、間違っているものはどれか。

① 中心部に中性子星やブラックホールが形成される
② おうし座のかに星雲はⅡ型超新星爆発の残骸である
③ 恒星内部で合成された重元素を宇宙空間にまき散らす働きをもつ
④ 白色矮星が、その限界質量（およそ太陽質量の1.4倍）を超えたときに起こる

Q 14

次の表はうさぎ座β星としし座γ星のB等級とV等級のデータである。これらの星で、肉眼で明るく見える星（A）と、表面温度が高い星（B）の組み合わせとして正しいものはどれか。

恒星	B等級	V等級
うさぎ座β星	3.6	2.7
しし座γ星	3.8	2.6

① A：うさぎ座β星　　B：うさぎ座β星
② A：うさぎ座β星　　B：しし座γ星
③ A：しし座γ星　　B：うさぎ座β星
④ A：しし座γ星　　B：しし座γ星

Q 15

次の４つのスペクトル図のうち、ベガのスペクトルはどれか。なお、図中にその星の色指数$B-V$と表面温度が示されている。

①

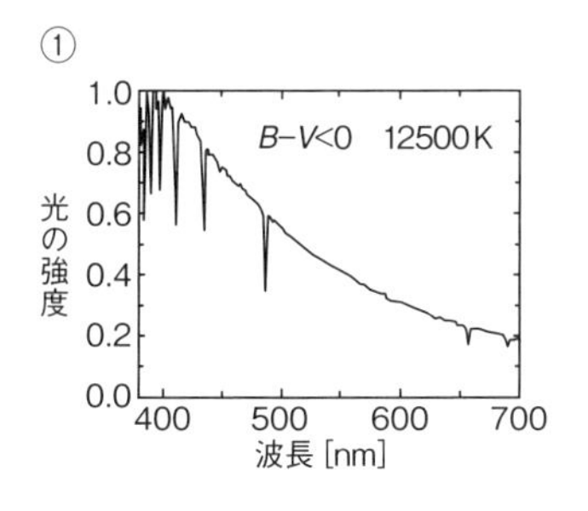

②

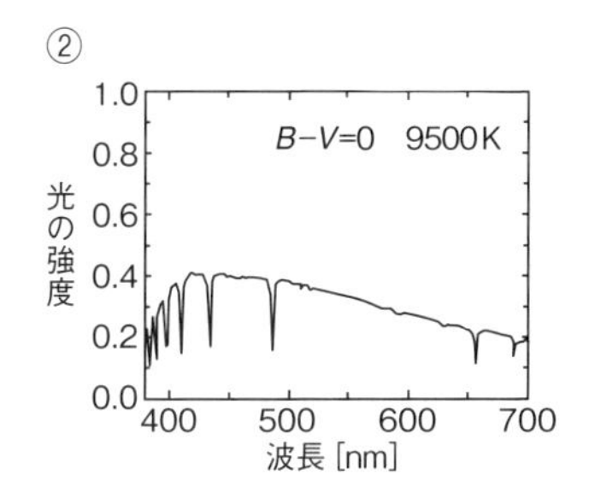

③

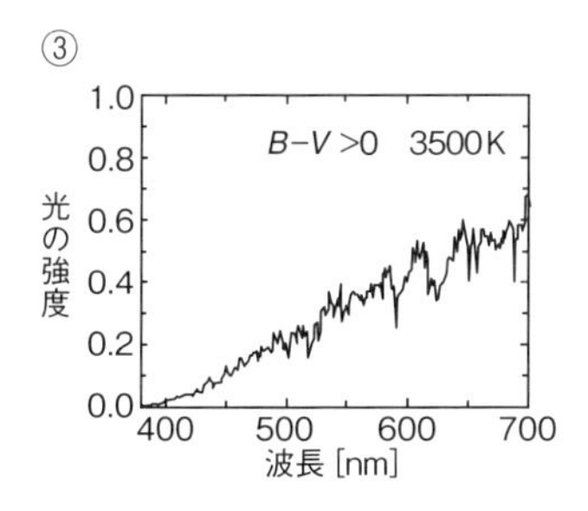

④

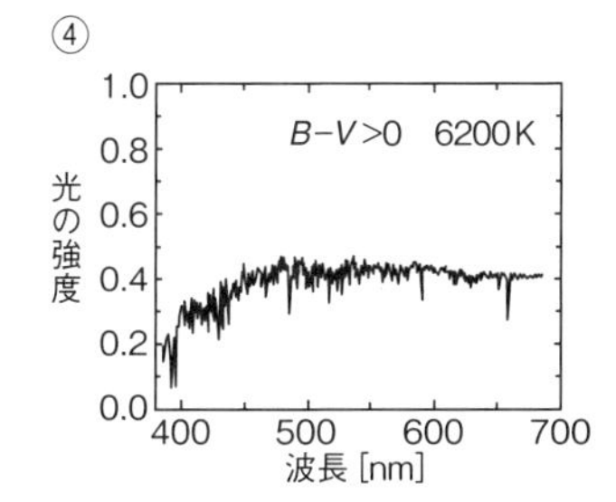

Q 16

次の図は、ある星団の見かけの等級Vを縦軸に、色指数$B-V$を横軸にして作成した図である。この星団の年齢を知るうえで最も注目すべき点はどこか。

① 主系列の傾き
② 曲がり角の位置
③ 水平な部分の明るさ
④ 最も明るい星の色

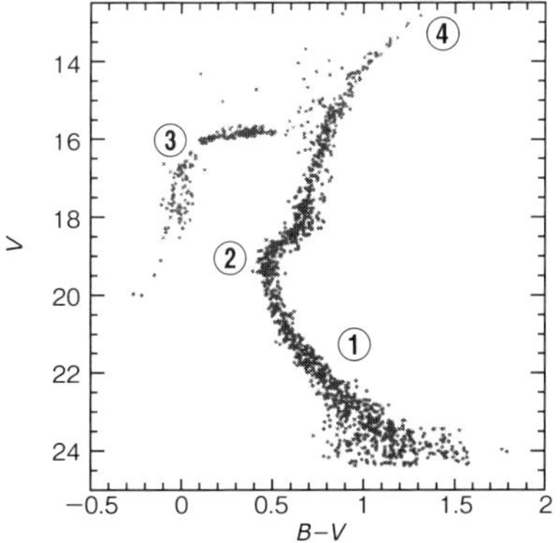

④ ア：惑星状星雲を形成し　イ：白色矮星

質量が太陽の0.46～8倍の恒星は、赤色巨星に進化した後、惑星状星雲を形成し、中心部には白色矮星が残る。したがって④が正答となる。

④ 白色矮星が、その限界質量（およそ太陽質量の1.4倍）を超えたときに起こる

①、③はⅡ型超新星爆発についての記述で正しい。②のかに星雲の中心部にはパルサー（高速自転する中性子星）が存在するので、Ⅱ型超新星爆発の残骸である。④はⅠa型超新星爆発の記述であり、したがって④が正答となる。なお、Ⅰa型超新星爆発の中心部には何も残らない。

第6回正答率82.6%

③ A：しし座γ星　B：うさぎ座β星

色指数$B-V$を求めると、うさぎ座β星は$B-V=0.9$、しし座γ星は$B-V=1.2$である。目で見た等級はV等級に近く、等級の値の小さい方が明るいので、明るく見えるのはしし座γ星である。また、表面温度が高いほど色指数の値は小さくなるため、表面温度が高いのはうさぎ座β星である。したがって③が正答となる。

第7回正答率40.0%

②

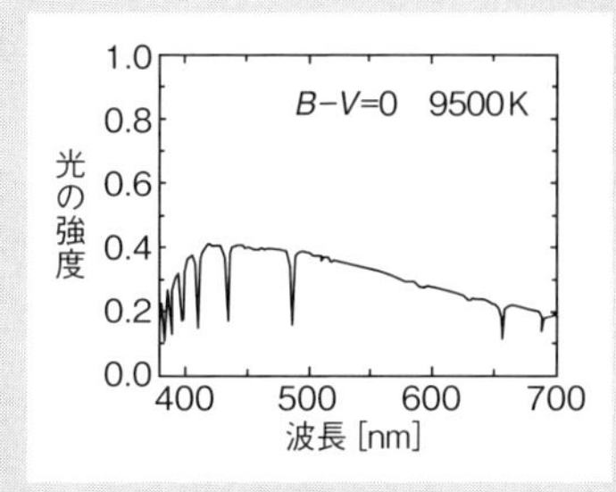

①はレグルス、②はベガ、③はアンタレス、④はカペラのスペクトル。A型星のベガは表面温度が9500 K前後で、450 nmあたりに放射強度のピークがくる。レグルスはB型星でベガよりも高温。アンタレスはM型、カペラはG型で、いずれもベガより低温の星である。なお、色指数$B-V$はベガと同じスペクトル型A0型で、$B-V=0$となるように定義されている。

第6回正答率60.7%

② 曲がり角の位置

星団の星は同時期にいっせいに誕生し、時間経過とともに短寿命の大質量の星から主系列を外れていく。図で、どの質量（色）の星まで主系列を離れ始めているか、すなわち曲がり角の横軸の位置を見れば、その星団の年齢がわかる。ちなみに図は球状星団M 15のものである。M 15の年齢は120億年と推定されており、銀河系（天の川銀河）に属する球状星団としては最も古いもののひとつである。なお③の水平な部分の明るさは、星団までの距離の決定に用いられる。

第5回正答率47.1%

Q 17

HR図上の恒星の進化を示す経路のうち、林トラック（林の経路）と呼ばれるものはどれか。

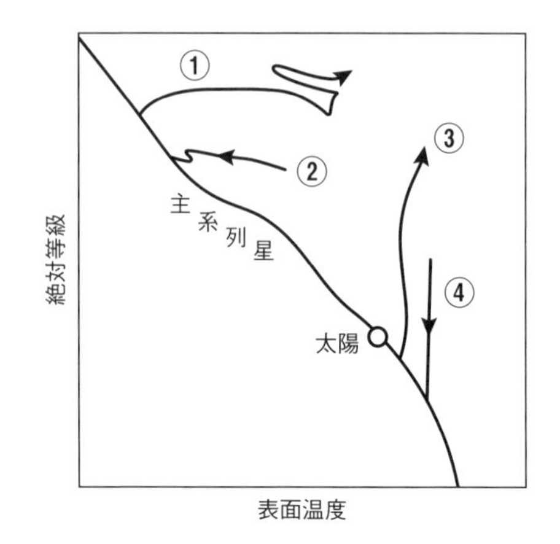

Q 18

太陽の質量のおよそ2倍の恒星は、表面温度がおよそ5000 Kの原始星から収縮を続け、HR図上をほぼ水平に移動して、表面温度がおよそ1万Kの主系列星として輝き始める。この星の原始星のときの半径は、主系列星になったときの半径のおよそ何倍であったか。

① 2倍
② 4倍
③ 8倍
④ 16倍

Q 19

パルサーの半径として適当なものはどれか。

① 約100 m
② 約10 km
③ 約1000 km
④ 約10万km

Q 20 次の元素の中で、天文学で用いる重元素ではない元素はどれか。

① ヘリウム（He）
② 炭素（C）
③ 酸素（O）
④ 鉄（Fe）

Q 21 太陽系に存在する重元素の起源とされるものはどれか。

① ビッグバンのときに全て揃っていた
② 宇宙の晴れ上がりのときにできた
③ 太陽内部でできた
④ 星の内部ででき、太陽系形成以前に起こった超新星爆発によってまき散らされた

Q 22 ニュートリノに関する功績で、ノーベル物理学賞を受賞した２人の日本人は誰か。

① 小林誠・益川敏英
② 小柴昌俊・梶田隆章
③ 天野浩・梶田隆章
④ 小柴昌俊・益川敏英

④

誕生直後の原始星で、表面温度が一定のまま光度が減少する状態を「林フェイズ」といい、その進化経路を「林トラック（林の経路）」という。それまでは、いずれの質量の原始星もHR図上を②のようにほぼ水平左方向に移動して（光度が一定のまま表面温度が高くなる）主系列星になると考えられていたが、林忠四郎が、質量が小さな星はHR図をほぼ垂直下向きに移動して主系列星になることを初めて指摘した。ちなみに、林忠四郎は天文学・宇宙物理学の分野で文化勲章を受章した3人のうちの1人である。

第9回正答率46.2%

② 4倍

恒星の光度をL、半径をR、表面温度をTとすると、ステファン・ボルツマンの法則より$L=4\pi\sigma R^2T^4$が成り立つ。ここでσはステファン・ボルツマン定数である。恒星はHR上を水平に移動することから、光度Lは一定である。そのため、原始星の半径をR_1、表面温度をT_1、主系列星の半径をR_2、表面温度をT_2とすれば、$4\pi\sigma R_1^2T_1^4=4\pi\sigma R_2^2T_2^4$が成り立つ。ゆえに、$R_1=(T_2/T_1)^2R_2=(10000/5000)^2R_2=4R_2$となり、②が正答となる。

② 約10 km

超新星爆発によって形成された中性子星は、しばしばパルサーとして観測される。中性子星が高速で自転し、その自転軸が磁極と異なる場合、磁極方向に放射される電磁波が周期的に地球で観測されることがある。これがパルサーである。太陽と同じ質量の中性子星の半径は、おおよそ10 km程度と考えられている。

第8回正答率62.8%

① ヘリウム（He）

一般に重元素とは銀やカドミウムといった原子量が非常に大きな元素を指す。しかし、天文学では元素の起源という観点で区分し、宇宙初期に存在した水素（H）とヘリウム（He）以外の元素をひとまとめにして重元素と呼ぶ。したがって①が正答となる。なお、重元素は星の内部や超新星爆発、中性子星の合体などによってつくられた。

第7回正答率81.5%

④ 星の内部ででき、太陽系形成以前に起こった超新星爆発によってまき散らされた

地球の地殻と太陽大気の重元素存在比は非常によく似ている。これは、太陽系の材料となった星間ガス雲が、超新星爆発でまき散らされた重元素（これは恒星内部でつくられた）を含んでいたからである。組成に差がないことは、太陽系形成期以後、太陽内部で重元素が合成（追加）されていないことを意味する。ビッグバンのときには水素、ヘリウムとわずかなリチウムしかできず、また、宇宙の晴れ上がりは電離状態の宇宙から中性の水素原子ができた時期で元素合成は起きていない。

② 小柴昌俊・梶田隆章

小柴昌俊は、超新星爆発によるニュートリノ検出に関するパイオニア的貢献で2002年に、梶田隆章はニュートリノが質量をもつことを示すニュートリノ振動の発見で2015年に受賞しており、②が正答となる。なお、小林誠と益川敏英は、小林・益川理論とCP対称性の破れの起源の発見による素粒子物理学への貢献で2008年に、天野浩は高輝度で省電力のため白色光源を可能にした青色発光ダイオードの発明で2014年に受賞している。

EXERCISE BOOK FOR ASTRONOMY-SPACE TEST

銀河系は何からできているのか？

Q1 暗黒星雲を説明する文として、正しいものはどれか。

① 構成する星間塵は、主に氷や水の粒でできている
② 光を吸収し、それは天の川方向で30光年で1等級暗くなる程度である
③ 分子があることが波長21 cmの電波でわかる
④ 暗黒星雲は天の川の方向に多く、天の川から離れると少ない

Q2 HＩ雲について、正しいものはどれか。

① その主成分は電離した水素である
② 近くにある高温度星が発する紫外線を受けて輝いて見える
③ 波長21 cmの電波を発している
④ 温度が10 K程度と非常に低温である

Q3 次の文の空欄にあてはまる組み合わせとして正しいものはどれか。
「反射星雲は、通常、輝線星雲に比べると、温度の【 A 】星の周囲に見られる。これらの温度の【 A 】星は、ガスを電離するほどの【 B 】を出していないのである。」

① A：低い　B：赤外線
② A：低い　B：紫外線
③ A：高い　B：赤外線
④ A：高い　B：紫外線

輝線星雲と同じ原理で発光しているのはどれか。

① 太陽
② 惑星状星雲
③ 反射星雲
④ 宇宙背景輻射（宇宙背景放射）

Q 5

HⅡ領域を写真に撮ると、赤く見えるのはなぜか。

① 赤い散乱光で輝いているから
② 赤い反射光で輝いているから
③ 赤いHα線で輝いているから
④ 赤いHγ線で輝いているから

Q 6

中性水素原子の放射する波長21 cmの輝線スペクトルは、天文学的に大変重要である。その理由は何か。

① 星間ガスや星間塵による吸収・散乱を受けにくく、銀河の構造を推定できるため
② 星間ガスや星間塵による吸収・散乱を受けやすく、星間塵の広がりや量を推定できるため
③ 星間ガスや星間塵による吸収・散乱を受けにくく、恒星の進化を推定できるため
④ 星間ガスや星間塵による吸収・散乱を受けやすく、原始惑星の発見に役立つため

④ 暗黒星雲は天の川の方向に多く、天の川から離れると少ない

暗黒星雲は、星間空間を漂う濃いガスとその中に存在する塵とでできている。天の川方向に多く、天の川から離れると少ない。分子が含まれているのは、ミリ波やサブミリ波という波長の短い電波を発することでわかる。21 cmの電波は、電離していない水素の原子が発する電波である。暗黒星雲は光を吸収するが、天の川方向で3000光年あたり1等級暗くなる程度である。なお、星間塵は主にケイ酸塩鉱物（シリケイト）や石墨（グラファイト）などからなるといわれているが、必ずしも明らかではない。 第4回正答率47.5%

③ 波長 21 cm の電波を発している

ＨＩ雲の主成分は電離していない中性の水素原子である。近くにある高温度星の発する紫外線を受けて輝いているのは輝線星雲（ＨⅡ領域）。ＨＩ雲の温度は約100～1万Kである。

② A：低い　　B：紫外線

高温星は、多くの紫外線を放射する。紫外線はガスを電離するため、高温星の周りにガスが多く存在すると輝線星雲となる。また、赤外線はガスを電離するほどのエネルギーをもたない。そのため、反射星雲は温度の低い星の周囲に存在する。反射星雲が光るのは、ガス中のダストが星からの光を散乱するためである。そのとき、波長の短い光が散乱を受けやすいため、反射星雲は一般に青く見える。したがって②が正答となる。

第6回正答率63.3%

② 惑星状星雲

輝線星雲も惑星状星雲も、電離したガスによって発光する。反射星雲は、星の光を塵が散乱して青白く光る。太陽や宇宙背景輻射（放射）は、黒体輻射（放射）である。ちなみに、かつては星雲のうち惑星状星雲をのぞく不定形のものを「散光星雲」といったが、輝線星雲を指したり、輝線星雲と反射星雲、さらには暗黒星雲や超新星残骸まで含める場合もあり、混乱を避けるため「散光星雲」はあまり使われなくなった用語である。

第9回正答率63.9%

③ 赤いHα線で輝いているから

HⅡ領域が赤く見えるのは、水素が放射する波長656.3 nmのHα線のためである。Hα線は、水素原子が近くにある高温度星の発する紫外線を受けて電離し、再び結合するときに放射される。なお、Hγ線も水素が放射する光であるが、波長は434.0 nmで、青い光である。このように他の色の水素の線も放射されるが、Hαが強いため、赤く見える。

第2回正答率64.8%

① 星間ガスや星間塵による吸収・散乱を受けにくく、銀河の構造を推定できるため

水素は宇宙で最もありふれた元素であり、それは銀河系（天の川銀河）でも同様である。波長21 cmの電波は銀河系の円盤部のあらゆる場所から放射され、星間ガスや星間塵の吸収・散乱を受けにくいため、その強弱などを調べることで、銀河系の渦巻構造を推定することができる。

第2回正答率46.7%

Q7

星間ガスの温度の高い順として、正しいものはどれか。

① 惑星状星雲＞超新星残骸＞暗黒星雲＞ＨⅠ雲
② 超新星残骸＞惑星状星雲＞ＨⅠ雲＞暗黒星雲
③ ＨⅠ雲＞惑星状星雲＞暗黒星雲＞超新星残骸
④ 暗黒星雲＞超新星残骸＞ＨⅠ雲＞惑星状星雲

Q8

次の写真のうち、惑星状星雲でないものはどれか。

①
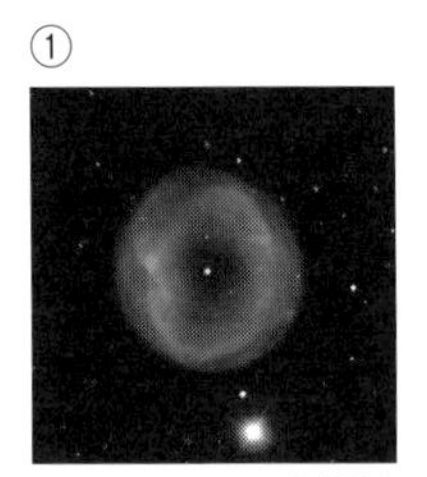
©国立天文台

②
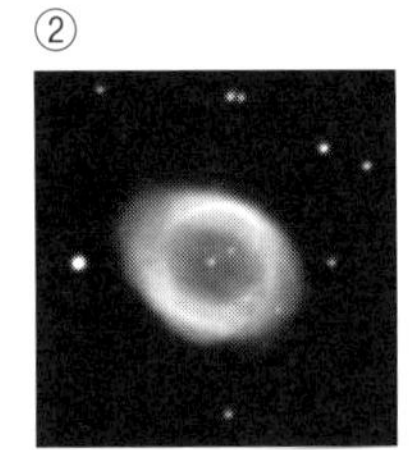
©兵庫県立大学西はりま天文台

③
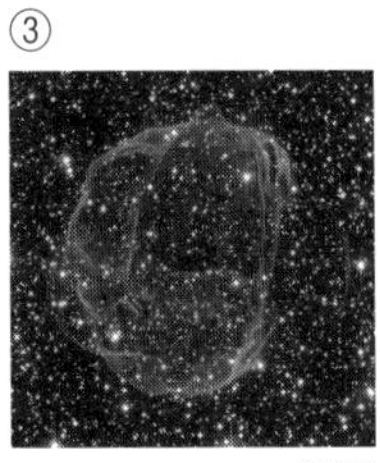
©NASA

④
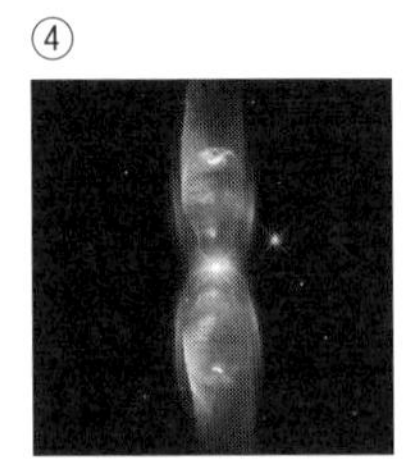
©NASA

Q9

惑星状星雲と超新星残骸の共通点はどれか。

① 赤色巨星が爆発してできる
② 中心に白色矮星がある
③ ガスの密度が1 cm^3あたり10^9個くらいである
④ 星の生涯の最期にできる

Q10

超新星爆発によって放出されるガスは、周囲の星間ガスと衝突する。その結果、ガスは何度くらいまで加熱されるか。

① 1000 K
② 1万 K
③ 10万 K
④ 100万 K

Q11

次の写真の中から超新星残骸を選べ。

①

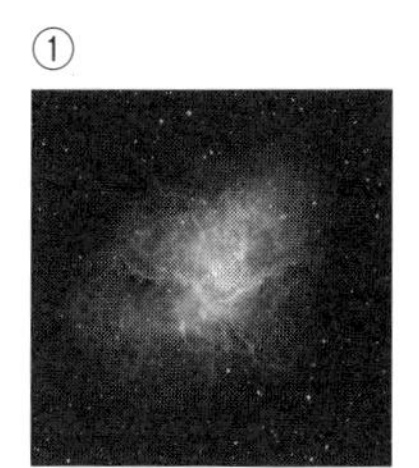

©NASA

②

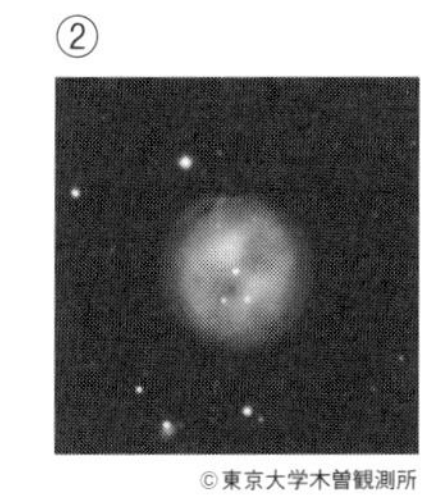

© 東京大学木曽観測所

③

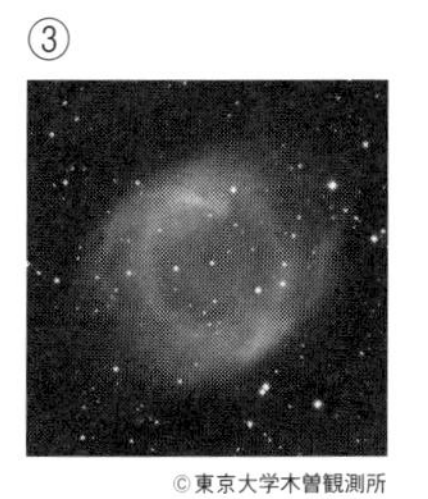

© 東京大学木曽観測所

④

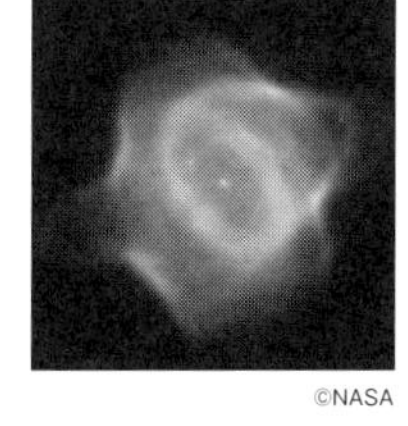

©NASA

② 超新星残骸＞惑星状星雲＞ＨＩ雲＞暗黒星雲

暗黒星雲は10～30 K、冷たいＨＩ雲は100 K、暖かいＨＩ雲は5000～1万 K、惑星状星雲は1万K以上、超新星残骸は100万K以上ある。残骸といえども超新星残骸は非常に高温で、X線も観測されるほどである。

第6回正答率76.7%

③

©NASA

惑星状星雲は、恒星が赤色巨星に進化した後に、外層のガスを放出し、そのガスが中心に残された中心星（白色矮星）の紫外線によって電離して輝いているものである。小型の望遠鏡で見たときに惑星のように丸く見えたことから、ウィリアム・ハーシェルがその名をつけた。星雲の中心に白色矮星が存在するのがその特徴の1つである。①はつる座にあるIC 5148、②はこと座の環状星雲M 57、④はへびつかい座にある双極性星雲M 2−9で、いずれも惑星状星雲である。③は大マゼラン雲にある超新星残骸SNR 0519であり、中心星が見えないことから、惑星状星雲ではないことが推察できる。

第9回正答率65.0%

④ 星の生涯の最期にできる

惑星状星雲も、超新星残骸も星の生涯の最期に形づくられるが、性質はまったく異なる。惑星状星雲は、中心星から比較的穏やかに外層のガスが放出され、中心部がむき出しになったものと考えられる。超新星残骸は、太陽質量の8倍以上の星が赤色巨星を経て爆発してできたものであり、惑星状星雲と比べて非常に高温である。

第6回正答率78.3%

A10 ④ 100万K

超新星爆発によって放出されるガスの速度は1000 km/s 以上にもなる。そのガスが周囲の星間ガスと衝突すると、100万K以上にまで加熱される。このような高温のガスは、X線でも観測できる。

第8回正答率64.5%

A11 ①

①はおうし座にある超新星残骸のかに星雲（M 1）である。他の3つは惑星状星雲で、②はおおぐま座にあるふくろう星雲（M 97）、③はみずがめ座にあるらせん星雲（NGC 7293）、④はさいだん座にあるアカエイ星雲である。

散開星団、球状星団などのHR図からは様々なことがわかるが、HR図からは求められないものを選べ。

① 星団の銀河系（天の川銀河）における位置
② 星団の進化段階
③ 星団の距離
④ 星団中の星の数と質量

Q 13

銀河系内の球状星団についての記述として間違っているものはどれか。

① 数万～数十万個の星の集団である
② 年齢はほとんどが100億年程度である
③ 星団全体としてはほとんど自転していない
④ そのほとんどが銀河系のバルジ内に存在する

Q 14

散開星団の天球での分布はどれか。図は、モルワイデ図法で世界地図のように展開している。中心は銀河系中心の方向で、楕円の長径は天の川に沿った方向にある。

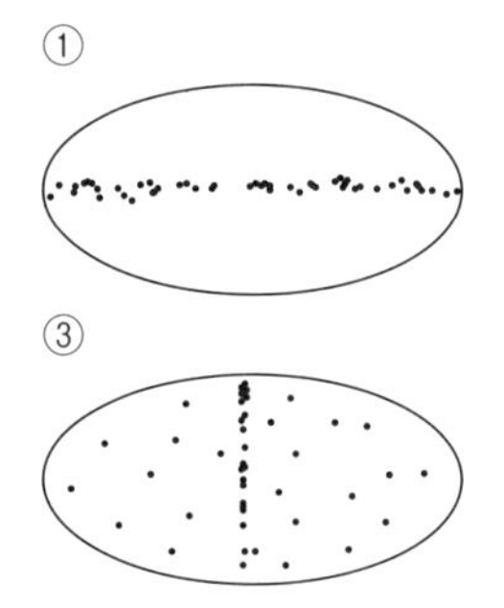

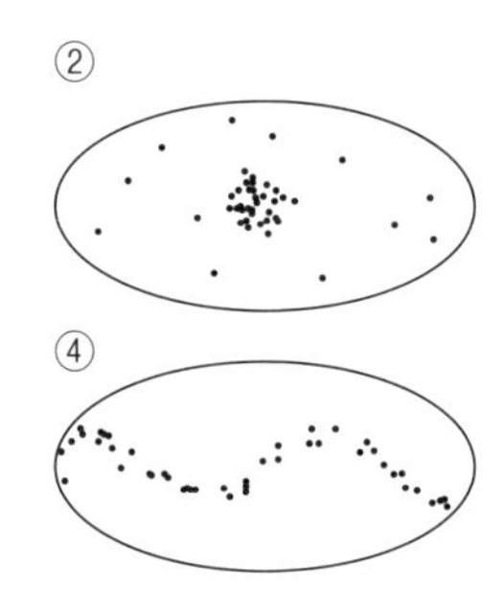

Q 15 銀河系内の散開星団についての記述として間違っているのはどれか。

① 星の重元素量は太陽と比べて100分の1程度である
② 天の川に沿って分布している
③ 星の数は数十から数百程度である
④ ほとんどが高温の主系列星を含む若い天体である

Q 16 次のうち年齢が100億年程度と考えられている散開星団はどれか。

① かに座のM 67
② プレアデス星団
③ かに座のM 44
④ ペルセウス座の二重星団hとχ

Q 17 この銀河系の渦巻模様は、数億年後どうなると考えられるか。

① きつく巻き込む
② ほどける
③ 模様がなくなる
④ 変わらない

©NASA

① 星団の銀河系（天の川銀河）における位置

星団のHR図からは、進化段階（年齢）や、距離、星の質量などが求められるが、銀河系内の位置とHR図とは直接関係しないので①が正答となる。

④ そのほとんどが銀河系のバルジ内に存在する

球状星団は、バルジ内にも存在するが、多くは銀河系全体を取り囲むハロー領域に存在するため、④が間違い。

第8回正答率52.7%

①

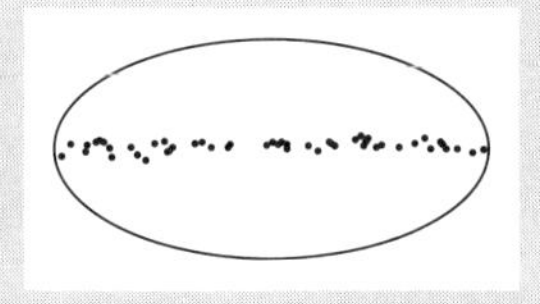

散開星団は、私たちの銀河系の銀河円盤と呼ばれる部分に存在するため、天球分布は天の川に沿って分布する。②は球状星団の分布で、銀河系中心部に集中し、ハローの部分にも見られる。③、④はダミーである。

第7回正答率55.7%

① 星の重元素量は太陽と比べて 100 分の 1 程度である

散開星団の星の重元素量は太陽と同程度か、天体によっては、より多い場合もある。

第8回正答率61.0%

① かに座の M 67

ほとんどの散開星団の年齢は1000万～1億年程度であり、それ以上になると、ばらけて散開星団の形状をなさなくなってしまう。しかし、例外はあり、かに座のM 67やケフェウス座のNGC 188は非常に古い散開星団として知られている。こうした古い散開星団と球状星団は、星団の形状ではなく恒星に含まれる重元素の存在比に起因するHR図の形状の違いなどで区別されている。

第4回正答率27.4%

④ 変わらない

銀河系の回転速度は、中心付近から遠方までほぼ一定である。ということは、中心付近の角速度は大きく、遠いほど小さくなり渦巻模様はきつく巻き込むように考えられる。しかし、実際は、多くの銀河でそのようにはなっていないことから、将来もあまり変わらないと考えられている。これを説明するには、渦巻模様の移動速度が、天体の移動速度ではないと考える必要がある。たとえば、天体の「渋滞している場所」（これが渦巻腕に対応する）が、移動していると考えるのである。この場合は、「渋滞している場所」の速度と天体の移動速度は違っていてかまわないのである。

第4回正答率65.2%

Q18

図に示された銀河の回転曲線は、銀河中心からある程度離れるとおおむね一定になる。これは何を示しているか。

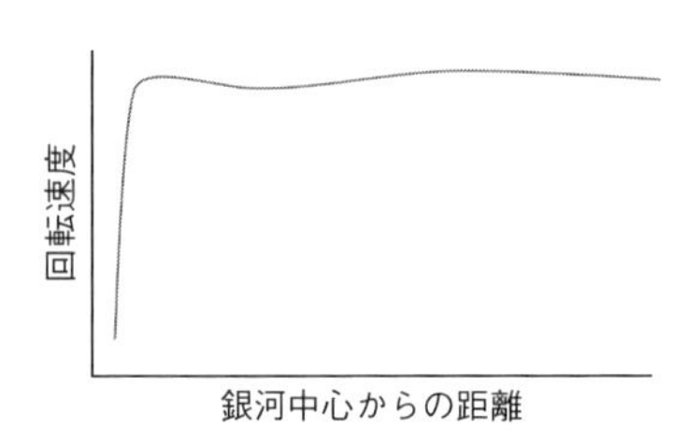

① 銀河の質量の大部分は、中心付近に集中している
② 銀河の質量の大部分は、外縁部に集中している
③ ダークマター（暗黒物質）が、特にハローの部分に存在している
④ 巨大なブラックホールが銀河中心に存在する

Q19

次の図は銀河の長軸方向にスリットを当てて得られた、銀河外縁部まで含む輝線のスペクトルの波長の変化と長軸方向との位置の関係を示した模式図である。多くの渦巻銀河で見られるものはどれに最も近いか。

①
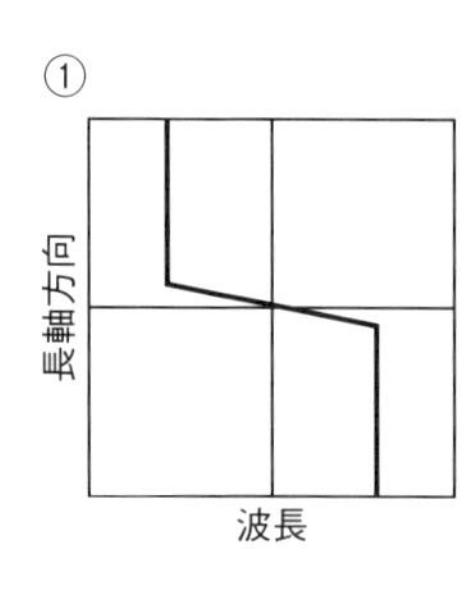

②
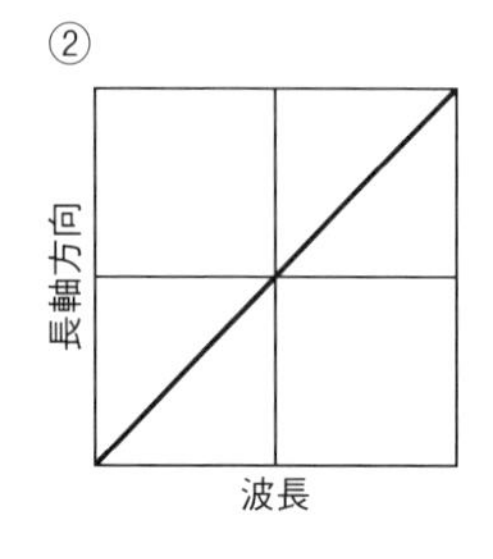

③
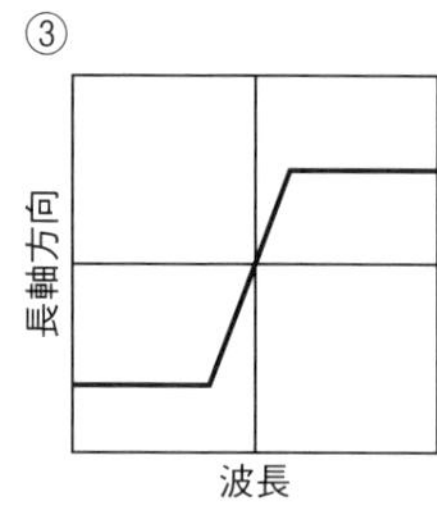

④
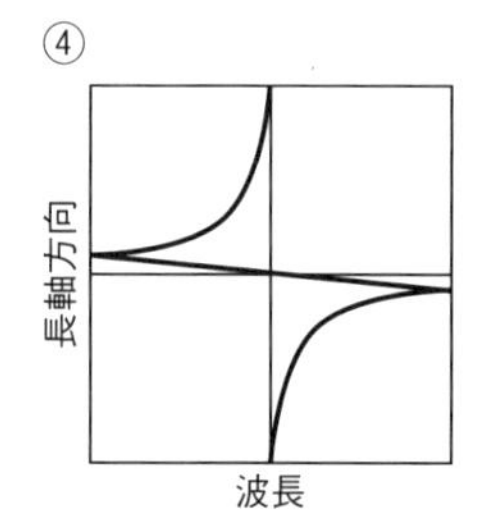

Q 20 太陽系が銀河系を一周する時間はどれくらいか。

① 約20万年
② 約200万年
③ 約2000万年
④ 約2億年

Q 21 銀河系の中心には直径4000万kmほどの巨大ブラックホールがあり、その見かけの大きさは、0.03ミリ秒角である。その影を観測するためには、どのくらいの視力が必要か。なお、視力1は60秒角を見分ける能力である。

① 2000
② 2万
③ 20万
④ 200万

Q 22 1964年、アメリカのベル電話研究所のアーノ・ペンジアスとロバート・ウィルソンが雑音電波の調査中に、あらゆる方向からやってくる謎の電波をとらえた。この正体は何か。

① 天の川銀河の星間電波
② 活動銀河3C405からの電波
③ 宇宙背景輻射（放射）
④ 常に降り注ぐ流星からの電波

③ ダークマター（暗黒物質）が、特にハローの部分に存在している

目に見える物質の質量から想定される銀河の回転曲線は、ある程度銀河中心から離れると右下がりになる（回転速度が小さくなる）が、実際には一定になっている。このことは、銀河の質量が中心に集中しているのではなく、光や電波では見えないが重力を及ぼす物質（ダークマター／暗黒物質）が存在し、遠くの天体にも重力を及ぼしているからだと考えられている。しかし、ダークマターが何なのかは、まだ解明されていない。

①

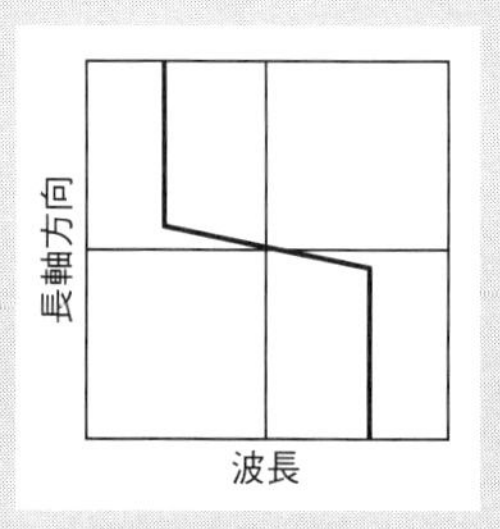

渦巻銀河の回転曲線は銀河中心から離れると、ほぼ一定の値に近づくことが知られている。これは銀河に大量のダークマター（暗黒物質）が存在しているからであると考えられている。ただし、その正体はまだ不明である。②は剛体回転を示す。③は長軸上のある場所で様々な波長成分があり、そのことは、様々な速度成分が存在していることを意味している。④は太陽系の惑星の公転運動に近い。②、③、④ いずれも通常の銀河では見られない回転曲線である。

第9回正答率28.6%

④ 約２億年

太陽系は約220 km/秒で銀河系の中心から約2.7万光年のところを円運動している。したがって1周する時間をtとすると、

$$t = 2\pi \times 2.7 \text{ 万光年} \div 220 \text{ km/s}$$
$$= 2\pi \times 2.7 \times 10^4 \times 10^{16} \text{ m} \div 2.2 \times 10^5 \text{ m/s}$$
$$\fallingdotseq 7.7 \times 10^{15} \text{ s} \fallingdotseq 7.7 \times 10^{15} \div 3 \times 10^7 \text{ 年} \fallingdotseq 2.5 \times 10^8 \text{ 年}$$

となり、約2億年になる。

④ 200万

銀河系中心核ブラックホールの影の大きさはブラックホールの直径程度の大きさである。ブラックホールを見込む角度は、0.03ミリ秒角なので、観測するのに必要な視力は60÷0.00003＝2,000,000である。アタカマ大型ミリ波サブミリ波干渉計ALMAは単独でも視力2000を達成している。そこで、さらに世界中の電波望遠鏡を動員して、基線を1000倍にした干渉計を形成すれば、巨大ブラックホールの影がとらえられるかもという発想で行われた、ALMAを含むイベント・ホライズン・テレスコーププロジェクトでは、M87の中心のブラックホールシャドウの撮影に成功した。

第5回正答率26.5%

③ 宇宙背景輻射（放射）

宇宙背景輻射（放射）は、1940年代にジョージ・ガモフらによって予言され、1964年にアーノ・ペンジアスとロバート・ウィルソンがアンテナの雑音を減らす研究中に偶然発見した。この発見によって、ペンジアスとウィルソンは1978年にノーベル物理学賞を受賞した。

第7回正答率79.6%

EXERCISE BOOK FOR ASTRONOMY-SPACE TEST

銀河の世界

Q1 レンズ状銀河に関する記述として間違っているものはどれか。

① 円盤部に渦巻模様がない
② ハッブルの音叉図では分岐点に配置されている
③ バルジが小さく、横から見ると円盤のみのレンズ状に見える
④ 棒構造があるものはSB0、ないものはS0（またはSA0）と記述される

Q2 次のうち、矮小銀河に含まれないものはどれか。

① NGC 205（M 110）
② NGC 520
③ 大マゼラン雲
④ 小マゼラン雲

Q3 天体カタログには様々な略号が用いられ、略号と数字で天体を区別することが多い。次の天体カタログの記号で、銀河には用いない略号はどれか。

① HD
② NGC
③ IC
④ M

銀河形態のハッブル分類について、正しいものはどれか。

① 楕円銀河はその長軸ー短軸比によってE0～E9に分類される

② レンズ状銀河はLという記号で表わされる

③ 銀河系（天の川銀河）はSAbとSBbの中間的形態であると考えられている

④ 渦巻銀河はSAaよりSAcのほうが円盤部に比べてバルジが卓越している

Q 5

写真はかみのけ座の方向にある銀河M 88である。M 88のハッブルの音叉型分類はどれか。

① E3

② S0

③ SAb

④ SBb

©国立天文台

次のうち、活動銀河の説明として間違っているものはどれか。

① 銀河系の中心は活発に活動しており、銀河系は典型的な活動銀河といえる

② 活動銀河の中心には活発に星が生成されている場所があるか、超巨大ブラックホールがあると考えられている

③ セイファート銀河は、活動銀河の一種である

④ クェーサーは、活動銀河の一種である

③ バルジが小さく、横から見ると円盤のみのレンズ状に見える

①、②、④の内容は正しい。レンズ状銀河は円盤に比べバルジが卓越している。

② NGC 520

楕円銀河、レンズ状銀河、渦巻銀河のどれにも当てはまらない、不規則な形状の銀河を不規則銀河という。また、通常の銀河に比べて小さな銀河を矮小銀河という。銀河同士の衝突で変形したNGC 520は不規則銀河だが、矮小銀河ではない。

① HD

HDは『ヘンリー・ドレーパーカタログ（Henry Draper Catalogue）』という星表に掲載された恒星に用いられる略号。NGCは、ジョン・ハーシェルが作った天体カタログ『ジェネラルカタログ（General Catalogue）』にジョン・ドレイヤーが追補して作成した『ニュージェネラルカタログ（New General Catalogue）』に掲載された恒星以外の天体（星雲、星団、銀河）に用いられる略号。ICは、『ニュージェネラルカタログ』を補足するものとして作成された『インデックスカタログ（Index Catalogue）』に掲載された恒星以外の天体に用いられる略号。Mは、シャルル・メシエが彗星と紛らわしい星雲や星団、銀河をリストアップした『メシエカタログ（Messier catalog）』に掲載された天体に用いられる略号。

③ 銀河系（天の川銀河）はSAbとSBbの中間的形態であると考えられている

ハッブル分類において、楕円銀河はEという記号で表わされ、長軸ー短軸比によって0〜7までの数字が添えられる。レンズ状銀河を表す記号はS0であり、バルジが棒状の場合SB0となる（棒状でない場合をSA0とすることもある）。渦巻銀河や棒渦巻銀河の添え字a、b、cはこの順で円盤部に比べてバルジが卓越していることを示す。

第9回正答率65.2%

③ SAb

ハッブルの音叉型で、E0〜E7は楕円銀河、S0はレンズ状銀河、SAa〜SAcは渦巻銀河、SBa〜SBcは棒渦巻銀河である。画像からM 88は渦巻銀河であり、棒状構造は見られないのでSAbであると判断できる。なお、銀河系はSAbとSBbの中間的な形態ではないかと考えられている。

第8回正答率69.2%

① 銀河系の中心は活発に活動しており、銀河系は典型的な活動銀河といえる

活動銀河は標準的な銀河に比べ、銀河中心部分が異様に明るい銀河のことをいう。セイファート銀河やクェーサーは、活動銀河であり、その原因は②であると考えられている。銀河系の中心部にも巨大ブラックホールが存在し、過去には明るく活動的だった証拠もある。しかし、現在銀河系は暗く不活性な標準的な銀河であり、活動銀河ではない。

Q7 局部銀河群の中で最も数が多い銀河の種類はどれか。

① 楕円銀河
② 渦巻銀河
③ 棒渦巻銀河
④ 矮小銀河

Q8 銀河系が所属する銀河群の名前はどれか。

① 局部銀河群
② ちょうこくしつ座銀河群
③ M 81 銀河群
④ M 101 銀河群

Q9 次の図はスローン・デジタル・スカイ・サーベイによる宇宙の大規模構造を示す銀河分布図である。銀河系は図中のどこに位置するか。

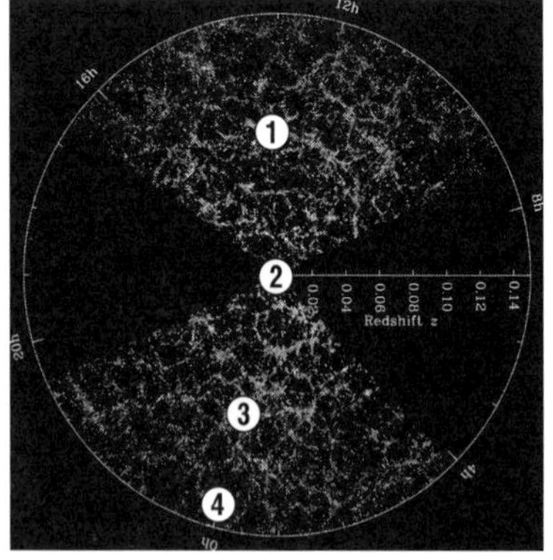

©SDSS

100万 パーセク（＝1 メガパーセク）の距離にある銀河の後退速度は、約70 km/sになると見積もられている。おとめ座銀河団の後退速度を1500 km/sとして、おとめ座銀河団までの距離を求めよ。

① 200 万メガパーセク
② 20メガパーセク
③ 2 メガパーセク
④ 0.2 メガパーセク

銀河系から銀河Aと銀河Bのスペクトルを観測したところ、下図のような同一元素による同じ吸収線が検出できた。銀河Aまでの距離をDとすると、銀河Bまでの距離Xはどの程度になるか。

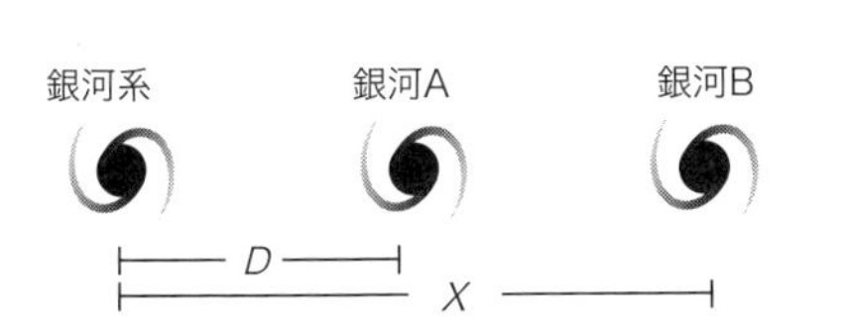

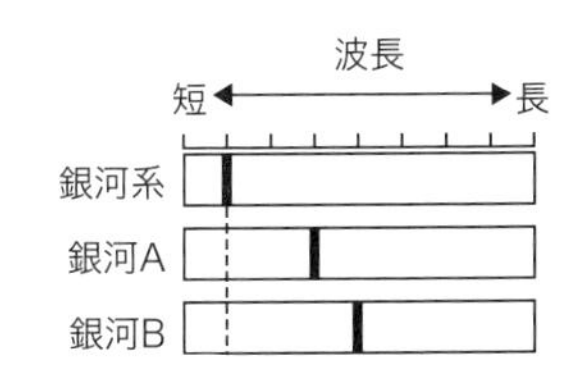

① 0.5 D
② 1.0 D
③ 1.5 D
④ 2.0 D

④ **矮小銀河**

局部銀河群の中には銀河系の質量クラスの楕円銀河は見つかっていない。比較的大型のM 31（アンドロメダ銀河）、M 33は渦巻銀河である。銀河系は渦巻銀河と棒渦巻銀河の中間的形態をもつと考えられている。それ以外の多くの銀河は銀河系の質量の10分の1以下の矮小銀河であり、銀河数としても最も多い。なお、アンドロメダ銀河の伴銀河であるM 32やNGC 205は矮小楕円銀河である。

① **局部銀河群**

銀河系は、大マゼラン雲、小マゼラン雲、アンドロメダ銀河などとともに局部銀河群を構成しており、大小50個ほどの銀河が確認されている。

第8回正答率80.8%

②

この図の中心が銀河系であり、半径方向は銀河系からの距離を表している。円周のところで約20億光年となる。なお、図中の左右に銀河がまったく存在しないように見える黒い領域があるが、これは天の川の方向に相当する。銀河が存在しないのではなく、天の川の星間物質の吸収にさえぎられて遠くまで見通すことが難しいため、観測が行われていないにすぎない。

第9回正答率68.0%

② 20 メガパーセク

宇宙のどの方向を見ても、遠方の銀河ほど速い速度で銀河系から遠ざかり、その遠ざかる速度（後退速度）は銀河までの距離に比例する。これをハッブル-ルメートルの法則といい、宇宙が膨張していることを示している。おとめ座銀河団までの距離は、1メガパーセク×（1500 km/s÷70 km/s）＝約20メガパーセクになる。ちなみに、エドウィン・パウエル・ハッブルが1929年にこの法則を発表したので、ながらく「ハッブルの法則」とよばれていた。しかし、その2年前にジョルジュ・ルメートルが一般相対性理論の方程式から膨張解を求め、さらに当時得られた観測データからハッブル定数を求めて、論文に発表していた。しかし、この論文はフランス語で書かれベルギーの学術雑誌に公表されたため、当時広く知られることがなかった。近年これが再評価されて、「ハッブル-ルメートルの法則」と呼ぶことが推奨されることとなった。

第9回正答率80.4%

③ 1.5 D

吸収線のズレはドップラー効果によるもので、ズレの量は銀河の後退速度に比例する。銀河系の吸収線を基準にすると、銀河Aの吸収線は2目盛、銀河Bの吸収線は3目盛ずれている。このことから、銀河Bの後退速度は銀河Aの1.5倍（＝3/2）であることがわかる。ハッブル-ルメートルの法則より、銀河までの距離は後退速度に比例するので、銀河Bまでの距離は銀河Aまでの距離の1.5倍となる。

第4回正答率71.3%

Q 12

宇宙誕生から現在までの経過時間と宇宙の大きさとの関係を示した図として最も適当なものはどれか。

①
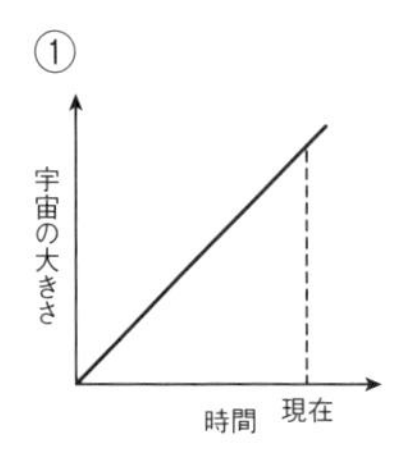

②
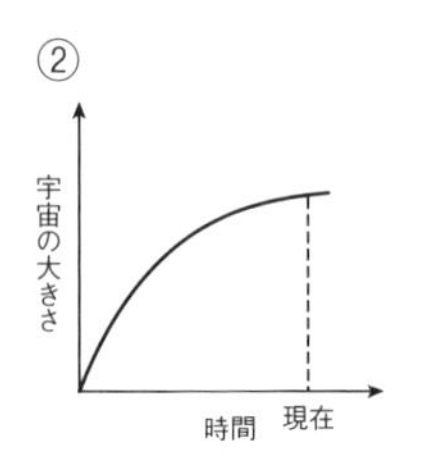

③
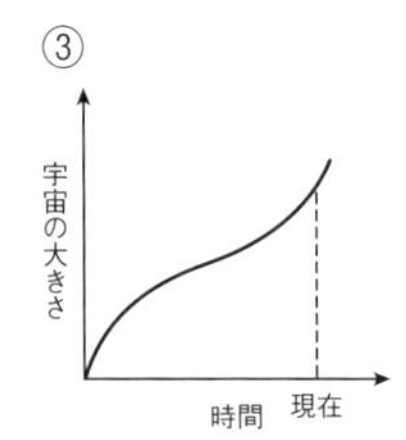

④
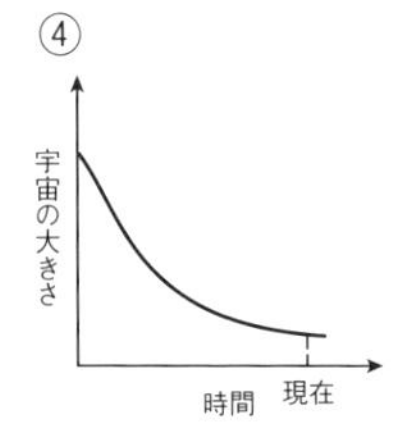

Q 13

宇宙の膨張速度は今後どのようになっていくと考えられているか。

① 加速する
② 減速する
③ 変わらない
④ 0になる

Q 14

宇宙の進化に関する出来事を、起こった順に正しく並べたものはどれか。

① 宇宙の晴れ上がり→インフレーション→宇宙の暗黒時代→宇宙の再電離
② インフレーション→宇宙の晴れ上がり→宇宙の再電離→宇宙の暗黒時代
③ 宇宙の晴れ上がり→宇宙の暗黒時代→インフレーション→宇宙の再電離
④ インフレーション→宇宙の晴れ上がり→宇宙の暗黒時代→宇宙の再電離

Q 15 ダークエネルギーに関連して、正しい記述はどれか。

① 銀河の回転速度が距離によらず一定であることから発見された
② 重力とは別に、宇宙の膨張速度を変化させる役目をもっている
③ 銀河の合体の際に、放出されるエネルギーである
④ 近年、その正体がバリオン物質であることが判明した

Q 16 規模の似た2つの銀河が衝突するとどのようなことが起きるか。

① 互いの星同士が衝突するので、星が破壊され、銀河が急激に暗くなる
② 互いの星同士が衝突するので、星が弾き飛ばされ、銀河が崩壊する
③ 星同士の衝突は起きず、2つの銀河が形を変えずにすれ違うだけである
④ 星同士の衝突は起きないが、重力の影響は受けるので銀河の形が変わる

Q 17 銀河は衝突を繰り返しながら成長していくと考えられており、我々の住む銀河系も数十億年後にはアンドロメダ銀河と衝突すると予想されている。銀河系とアンドロメダ銀河が衝突した場合、太陽はどうなってしまうだろうか。最も可能性の高いものを選べ。

① アンドロメダ銀河の星と衝突し、太陽は粉々に砕け散る
② アンドロメダ銀河の星と合体し、太陽は今よりも重たい星となる
③ アンドロメダ銀河の星との衝突は起きないが、引力の影響で今とは違う場所に飛ばされる
④ アンドロメダ銀河の星は素通りしていくだけなので、今の状態と全く変わらない

③

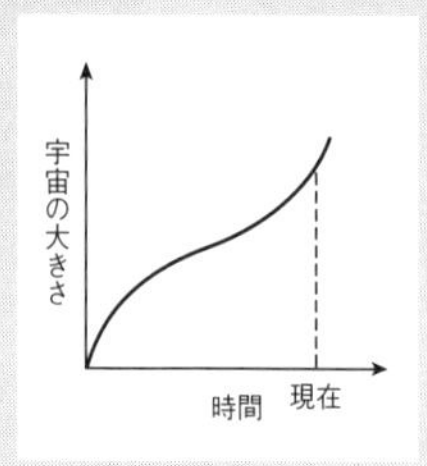

宇宙は膨張しており、その膨張速度は過去には減速していたが現在では加速していると考えられている。

① 膨張速度一定なので誤り。

② 現在減速しているので誤り。

③ 過去には減速、現在加速膨張しているので正答。

④ 宇宙が収縮しているので誤り。

① 加速する

現在、宇宙の観測から、膨張の速度は加速していくと考えられている。宇宙に存在するダークエネルギーが斥力の役割を果たし、膨張を加速させているといわれているが、その正体はまだよくわかっていない。

第1回正答率76.9%

④ インフレーション→宇宙の晴れ上がり→宇宙の暗黒時代→宇宙の再電離

宇宙は何らかの確率的なゆらぎから発生し、インフレーションと呼ばれる急激な膨張を起こした。この結果、宇宙は高温高密度の状態となり、これをビッグバンという。ビッグバン後、様々な粒子が誕生し、それらが結合して水素やヘリウムの原子核がつくられていった。そして宇宙誕生から38万年後、原子核と電子が結合し宇宙の晴れ上がりを引き起こした。宇宙の晴れ上がりから最初の恒星が誕生するまでの数億年は、詳しいことがわからず宇宙の暗黒時代と呼ばれている。この時期は水素が電離していなかったが、最初の恒星が輝き始めると、それが発する強い紫外線が周囲の水素ガスを電離させ、宇宙の再電離が進んでいった。よって正答は④となる。

第9回正答率62.4%

② 重力とは別に、宇宙の膨張速度を変化させる役目をもっている

宇宙の膨張速度は重力により次第に減少することが予想されたが、銀河までの距離と後退速度の精密測定から、実際は50億年前から増加していることが観測された。宇宙の膨張が一定の速度であれば、距離が2倍遠い銀河では銀河が離れる速度も2倍になるはずである。しかし、距離と速度を精密に調べた結果、離れる速度が変化している（加速）ことが明らかになったのである。ダークエネルギーは、その加速膨張の原因として考えられているものの、その正体はまだよくわかっていない。

第4回正答率60.3%

④ 星同士の衝突は起きないが、重力の影響は受けるので銀河の形が変わる

銀河内での星と星の間隔は星自身の大きさに比べ非常に広いので、2つの銀河が衝突しても各々の星が衝突する確率は非常に低い。したがって①や②のようなことは起こらない。しかし、星同士の衝突は起きないが、重力の影響は受けるので、銀河内での星の運動状態が変化し、銀河の形が変わる。不規則銀河の中には衝突により銀河の形状が不規則になったものが含まれている。したがって④が正答となる。

第9回正答率91.4%

③ アンドロメダ銀河の星との衝突は起きないが、引力の影響で今とは違う場所に飛ばされる

銀河内での星と星の間隔は星の直径に比べ非常に大きいので、銀河同士が衝突した場合でも、星同士の衝突はほとんど起きない。したがって①、②は誤り。一方で、衝突してきた銀河の星の引力の影響は受けるため、太陽の運動が乱される。その結果、現在とは違う場所に飛ばされていく可能性が高い。よって③が正答。

第4回正答率64.8%

Q 18

ダークマターの正体は2020年6月現在わかっていないが、ある種の素粒子ではないかと考えられている。これを検出するための実験装置として正しいものはどれか。

① ハッブル宇宙望遠鏡　② XMASS検出器
③ LIGO　④ ケプラー宇宙望遠鏡

Q 19

次のa～dの4つの文のうち、ダークマターに関する記述として間違っているものはいくつあるか。

a 宇宙全体のエネルギーの3/4を占め、宇宙膨張の原動力と考えられている。
b 狭い範囲に集中し密度が高くなると背景の星の光を遮るため、間接的に観測することができる。
c 宇宙線や人工雑音の影響を除くため、大気高層での直接検出の試みが日本でも行われている。
d 恒星内部で合成されるため、宇宙初期には存在しなかった。

① 1つ　② 2つ　③ 3つ　④ 4つ

宇宙の初期に「宇宙の晴れ上がり」と呼ばれる現象が起きたと考えられているが、次のうち正しいのはどれか。

① インフレーションと呼ばれる宇宙の急膨張で空間が広がり見通しが良くなった
② 宇宙の暗黒時代の後、宇宙で最初の星が輝き始めて見通しが良くなった
③ 自由に飛び回っていた電子が原子核と結合して見通しが良くなった
④ 強く輝く星による紫外線で宇宙の再電離が起こることによって見通しが良くなった

太陽のスペクトルから、太陽表面には水素・ヘリウム以外にも様々な元素が存在していることがわかる。この事実からわかることは何か。

① 太陽内部で核融合反応が起きている
② 太陽は内部ほど温度が高い
③ 太陽は宇宙で最初に生まれた星ではない
④ 太陽は将来、惑星状星雲になる

2015年に史上初の重力波が検出され、重力波源GW150914と命名された。GW150914の観測は、他にもどんなことを実証したか。

① ブラックホールの分裂
② ブラックホールの合体
③ ブラックホールの蒸発
④ ブラックホールとホワイトホールの接続

② XMASS 検出器

ハッブル宇宙望遠鏡による精密観測で、ダークマターの分布などが調べられている。ただし、ダークマターそのものの正体を調べる実験ということだと②XMASS検出器などとなる。LIGOは重力波検出器、ケプラー宇宙望遠鏡は系外惑星検出専用の望遠鏡である。なお、XMASS検出器は2019年2月にデータ取得を完了した。 第7回正答率68.9%

④ 4つ

aはダークエネルギーの説明なので誤り。b はガスや塵が集まってできる暗黒星雲の説明なので誤り。c 検出装置は宇宙線や人工雑音の影響を除くため地下深くに設置するのが一般的。日本では、神岡鉱山でXMASSを稼働し2019年2月にデータ取得を完了した。d ダークマターは宇宙初期にも存在し、初期の密度ゆらぎの基となったと考えられているので誤り。よって、全ての記述が誤りであるので、正答は④。

③ 自由に飛び回っていた電子が原子核と結合して見通しが良くなった

高温の宇宙では正の電荷をもつ原子核と、負の電荷をもつ電子はバラバラに飛び回っていたが、宇宙の温度が低下すると原子核と電子が結合し、光を散乱する自由電子がなくなって、光が直進できるようになった。これを宇宙の晴れ上がりと呼ぶ。

③ 太陽は宇宙で最初に生まれた星ではない

①〜④の記述内容そのものは全て正しい。しかし、太陽中心部での核融合は4H→Heの反応であり、H、He以外の元素は生成していない。したがって①は誤り。②は、多様な元素が存在していることとは関係がない。宇宙初期にはH、He、Liのみが存在し、それ以外は恒星内部で合成されたものである。したがって太陽表面にある重元素は太陽誕生前に存在した恒星で合成されたものであり、太陽は宇宙で最初の星ではない。太陽は将来、惑星状星雲になると考えられているが、星の最期は主として質量で決まっており、重元素の有無とは直接関係ない。

第4回正答率55.6%

② ブラックホールの合体

GW150914の観測によって、重力波が初めて検出されただけでなく、ブラックホール同士の衝突、ブラックホール連星の存在、太陽質量の約36倍と約29倍のブラックホールの合体が初めて明らかになった。なお、合体前のブラックホールの質量の合計は65太陽質量だが、合体してできたブラックホールの質量は62太陽質量で、3太陽質量分がすべて重力波のエネルギーに転換されたと考えられている。ホワイトホールはブラックホールと同じく一般相対論の方程式の解である。ただし、りんごの個数を解く方程式で負の解を捨てるように、ホワイトホールの解も現実の宇宙には存在しないと考えられている。

第7回正答率83.6%

EXERCISE BOOK FOR ASTRONOMY-SPACE TEST

天文学の歴史

Q1

次の文は、どの暦を説明したものか。
「1太陽年を12カ月とし、4年間に1回、閏日を設ける。閏月は使わない。現行の暦の原点となるもの。」

① メトンによる暦
② ヒッパルコスによる暦
③ ユリウス・カエサルによる暦（ユリウス暦）
④ グレゴリウス13世による暦（グレゴリオ暦）

Q2

紀元前433年に、19太陽年は235朔望月＝12朔望月×19＋7朔望月にほぼ等しいという周期を見出したギリシャの科学者は誰か。

① カリポス
② ヒッパルコス
③ プラトン
④ メトン

Q3

次のうち最も新しい出来事はどれか。

① 天保改暦（てんぽうかいれき）が行われた
② 天王星が発見された
③ 小惑星ケレスが発見された
④ 貞享（じょうきょう）改暦が行われた

Q4

フリードリッヒ・ヴィルヘルム・ベッセルが初めて視差の測定に成功した星はどれか。

① はくちょう座61番星
② バーナード星
③ ケフェウス座δ星
④ くじら座ο星

ユルバン・ルベリエの予想に基づき、ドイツの天文学者ヨハン・ゴットフリート・ガレによって1846年に発見された天体は何か。

① 海王星
② 冥王星
③ ケレス
④ ハレー彗星

Q6

エドウィン・パウエル・ハッブルが宇宙膨張を発見した際、銀河の距離測定に用いた方法は何か。

① ケフェウス型変光星の光度
② 最大光度がほぼ一定であるタイプの超新星の光度
③ 三角測定
④ 分光視差

Q7

次のうち、天体からの光を分光して初めて明らかになったことはどれか。

① ケレスの軌道
② 地球の公転運動
③ 海王星の存在
④ ヘリウム元素の存在

Q8

次に挙げる天文学史上の発見のうち、写真技術が天文学に導入されることによって成し遂げられたものはどれか。

① 海王星の発見　② 年周光行差の発見
③ パルサーの発見　④ 宇宙膨張の発見

③ ユリウス・カエサルによる暦（ユリウス暦）

どの暦も1太陽年を12カ月とすることは同じだが、メトンによる暦は19太陽年間に閏月を7回置く太陰太陽暦であり、、ヒッパルコスによる暦は304年間に112回の閏月を置く暦である。グレゴリオ暦は現在用いられている暦で、4年間に1回閏日を設ける閏年とするが、西暦が100で割り切れる年は平年とし、さらに400で割り切れる年は閏年とする。

第9回正答率39.2%

④ メトン

紀元前433年にギリシャの科学者メトンは、19太陽年は235朔望月にほぼ等しいという周期を見出した。これをもとにして19年で7回閏月をいれる太陰太陽暦を提案した。紀元前330年にカリポス、紀元前2世紀頃にはヒッパルコスによってよりズレが小さくなるような修正が行われた。その後、月の満ち欠けと無関係の太陽暦であるユリウス暦が古代ローマで導入され、現在では1太陽年と日付のずれがより小さいグレゴリオ暦が世界の多くの国で採用されている。

第8回正答率12.2%

① 天保改暦（てんぽうかいれき）が行われた

①は1843年（渋川景佑（しぶかわかげすけ））、②は1781年（ウィリアム・ハーシェル）、③は1801年（ジュゼッペ・ピアッチ）、④は1684年（渋川春海（はるみ））である。

① はくちょう座61番星

ベッセルは、1838年にはくちょう座61番星の位置を測定して、年周視差がおよそ0.3秒角であることを発表した。はくちょう座61番星が選ばれたのは、大きな固有運動をもっている恒星であったためである。固有運動とは天球上での恒星の見かけの動きのことで、一般に近距離の星ほど大きいので、近距離の星を見つける手段になる。なお、バーナード星はへびつかい座の方向にある恒星で、全天で最も大きな固有運動を持ち、1年におよそ10.3秒角動く。

① 海王星

この発見以前にも、海王星はガリレオ・ガリレイやジェローム・ラランドも観測していたが、当時は恒星だと考えられた。また、イギリスではジョン・クーチ・アダムズの予測に基づき、ジェームズ・チャリスが海王星を探索したが、2度も観測していながら見逃している。現在では、アダムスとルベリエとガレの3人が発見者とされている。

第6回正答率58.4%

① ケフェウス型変光星の光度

1930年頃、銀河の距離測定に最もよく使われていた方法。②の測定法は、ハッブルの時代はまだ知られておらず、③や④は近傍星しか適用できない。

④ ヘリウム元素の存在

小惑星ケレス（現在は準惑星に分類）の軌道は観測されたケレスの位置の変化から最小自乗法を利用して計算された。地球の公転運動は、恒星の位置を精密に測定することで、年周視差や年周光行差を検出して証明された。海王星は、天王星の軌道のズレからニュートン力学を利用して位置を計算し発見された。ヘリウムは当初、太陽の分光観測によって発見され、その後、地球にも存在するガスであることがわかった。

第5回正答率66.5%

④ 宇宙膨張の発見

①、②は写真技術が天文学に導入される以前の発見。③パルサーは電波観測から発見された。④写真撮影によって系外銀河にある変光星を発見したことにより、距離測定ができるようになったことと、スペクトル線の波長のズレを精密に測定できるようになったことで、宇宙膨張の発見が可能となった。

Q 9

次のうち、陰陽寮(おんみょうりょう)に属さない職掌(しょくしょう)はどれか。

① 陰陽博士
② 天文博士
③ 漏刻博士
④ 計時博士

Q 10

『明月記』の客星の記載を欧米の天文学者に紹介した人はだれか。

① 射場保昭(いばやすあき)
② 山本一清(やまもといっせい)
③ 野尻抱影(のじりほうえい)
④ 萩原雄祐(はぎわらゆうすけ)

Q 11

中国の歴史書『史記』の中に「秦始皇七年、彗星まず東方に出づ…」とあるが、これは紀元前240年のある彗星の出現記録であることが軌道計算によって確かめられている。この彗星は何か。

① 百武彗星
② 池谷・関彗星
③ ヘール・ボップ彗星
④ ハレー彗星

Q12

『源平盛衰記』巻33に記されている、水島の戦いのさなかに起こった現象はどれか。

① 皆既日食　② 金環日食
③ 超新星爆発　④ 金星の太陽面通過

Q13

それぞれの天体観測の記録は何を表しているか。組み合わせで正しいものを選べ。

A：「墨色のごとくにて光なし。群鳥飛乱し、衆星ことごとく現る。」
B：「細小の星数十百千聚（あつまり）て、紗嚢（さのう）に蛍を盛ごとし。」
C：「昼もあらわれて太白の如し。芒角四出し、色赤白。」

① A：皆既日食　B：超新星　C：天の川
② A：超新星　B：天の川　C：皆既日食
③ A：天の川　B：皆既日食　C：超新星
④ A：皆既日食　B：天の川　C：超新星

Q14

次のうち渾天儀（こんてんぎ）はどれか。

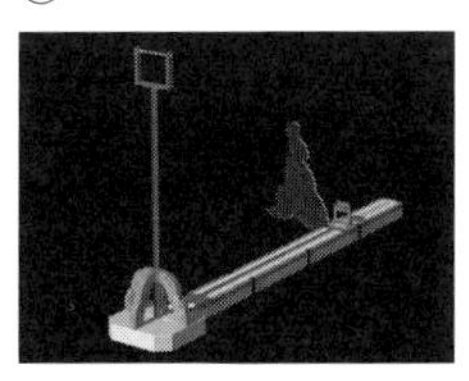

③

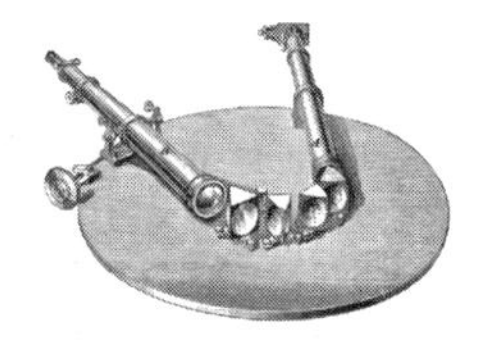

④

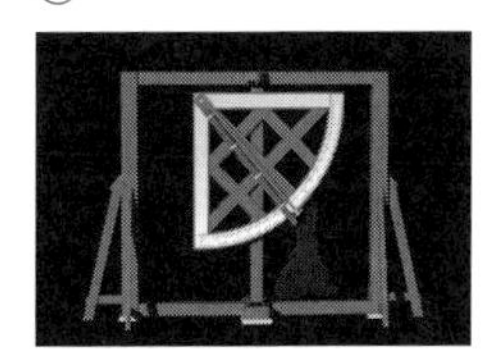

8章 天文学の歴史

④ 計時博士

朝廷には律令制のもと、中務省の下に天文や暦、時刻を所管する陰陽寮（おんみょうりょう）が設置された。そこに職掌（しょくしょう）として配置されたのは陰陽博士、天文博士、漏刻博士、暦（れき）博士である。時刻を管轄するのは漏刻博士で、計時博士は存在しない。

① 射場保昭（いばやすあき）

神戸の貿易商でアマチュア天文家である射場保昭が『Popular Astronomy』（Vol.42 pp243-251, 1934）に寄稿した記事による。この記事に着目したヤン・オールトらにより、かに星雲（M 1）が1054年の客星（超新星爆発）の残骸であることが明らかにされた。

第8回正答率29.2%

④ ハレー彗星

ハレー彗星は約76年周期で地球に接近する彗星で、有史以来さまざまな文献に出現の記録が残されている。最近の出現は1986年、次は2061年ごろである。百武彗星、池谷・関彗星、ヘール・ボップ彗星も有名な彗星ではあるが、古い文献に記録はない。

第8回正答率89.3%

② 金環日食

水島の戦い（1183年）のときには、食分0.93の金環日食が起こった。平家方は朝廷から暦の情報を入手し、この日に日食が起こることを知っていたが、源氏方は知らなかったため、大きく欠けた太陽に恐れ、混乱したとされる。

④ A：皆既日食　B：天の川　C：超新星

Aは『日本紀略』後編六で皆既日食を、Bは橘南谿（たちばななんけい）の『望遠鏡観諸曜記』で望遠鏡で見た天の川を、Cは『宋会要輯稿（そうかいようしゅうこう）』で1054年の超新星爆発を表している。なお、太白とは金星のこと。

第6回正答率93.8%

①

渾天儀（こんてんぎ）は、複数の円環を組み合わせ、なかに筒を入れ、自由に回転させて、天体の高度、方位を観測するための機器。天空の動きの模型として説明に使用されるものでもあったようである。②は圭表（けいひょう）、③は分光器、④は大象限儀（だいしょうげんぎ）である。

Q15

宣明暦は、日本で最も長く使われた暦である。宣明暦が長く使われていた理由として考えられることはどれか。

① 中国では改暦のたびに、天変地異が起きていたことが伝わっていたから
② 暦は一部の貴族・武士だけのものであり、一般には普及していなかったから
③ 宣明暦が長い間、世界共通の暦だったから
④ 当時の日本の暦学では、独自に暦をつくる技術がなかったから

Q16

日本の改暦を行った人物について、正しい組み合わせはどれか。

① 宝暦改暦－西川正休
② 貞享改暦－渋川景佑
③ 寛政改暦－高橋至時
④ 天保改暦－安井算哲二世（渋川春海）

Q17

江戸時代に渋川春海が中国の授時暦を参考にして編纂した暦はどれか。

① 貞享暦
② 宝暦暦
③ 寛政暦
④ 天保暦

Q18

圭表とは何をはかるための道具か。

① 太陽の南中時刻
② 太陽の明るさ
③ 太陽の南中高度
④ 太陽の赤経赤緯

Q19

日本が太陽暦に移行したのはいつか。

① 南北朝時代
② 安土桃山時代
③ 江戸時代
④ 明治時代

Q20

ユリウス通日について正しく述べたものはどれか。

① ユリウス暦の1年1月1日から数えた日数
② MJDと表記する
③ 世界時の0時はユリウス通日では小数点以下の数字がつく
④ ユリウス・カエサルが考えた

Q21

我が国最初の望遠鏡を使った民間の天体観望会で用いられた望遠鏡の制作者は誰か。

① 平賀源内（ひらがげんない）
② 国友藤兵衛（くにともとうべえ）
③ 岩橋善兵衛（いわはしぜんべえ）
④ 与謝蕪村（よさぶそん）

Q22

2020年の干支は庚子（かのえね）である。2021年の干支（えと）は何か。

① 己丑（つちのとうし）
② 辛丑（かのとうし）
③ 壬子（みずのえね）
④ 戊子（つちのえね）

④ 当時の日本の暦学では、独自に暦をつくる技術がなかったから

宣明暦は、平安時代から江戸時代までの823年間一度も改暦されずに使われていた。そのため、天象とのズレが2日に及んでいた。当の中国では71年間使われたのに対し、日本の暦学では独自の暦をつくるに至らず長い間改暦されなかった。

③ 寛政改暦－高橋至時

寛政改暦では、高橋至時とともに間重富も活躍した。
① 改暦事業の途中で西川正休は外され、宝暦改暦は土御門泰邦が一存で実施した。
② 貞享改暦は渋川春海が陰陽頭土御門泰福と協力して行った。
④ 天保改暦は天文方の渋川景佑が行った。

① 貞享暦

平安時代前期の862年に採用された宣明暦は、江戸時代までの800年以上にわたり使われてきたが、暦と天象のずれが大きくなっていた。そこで、安井算哲二世（後の渋川春海）は、中国の元の授時暦を参考にして天体観測を行い、授時暦に独自の改良を加えた貞享暦を編纂した。渋川春海は改暦の功績により、初代幕府天文方に任ぜられた。貞享暦に修正を加えたのが宝暦暦である。その後、寛政暦、天保暦へと改暦された。

③ 太陽の南中高度

圭表は、改暦に必要な春分、夏至、秋分、冬至の時刻を決定するために太陽の南中高度を観測する装置。

④ 明治時代

古来日本では中国暦が使われ、江戸時代の貞享改暦で日本独自の暦が作られたが、いずれも太陰太陽暦である。明治5年になって、太陰太陽暦から太陽暦（グレゴリオ暦）に改暦され、明治5年（1872年）12月3日が明治6年（1873年）1月1日となった。

第7回正答率77.2%

③ 世界時の0時はユリウス通日では小数点以下の数字がつく

ユリウス通日は、紀元前4713年1月1日正午からの通算の日数を小数点以下も含めて表したものである。JDまたはAJDと表記する。正午に始まったので、深夜0時では2455641.5のように0.5がつく。この0.5があるのが不便なので、ユリウス日より2400000.5を引いたものをMJD（修正ユリウス日）として便宜的に使用することがある。考えたのは17世紀のフランスの歴史家のジョセフ・ジュスト・スカリゲルであり、父の名ユリウスをとったという説がある。共和制ローマ期の政治家で、終身独裁官となったガイウス・ユリウス・カエサルはユリウス暦を導入したが、カエサルがユリウス通日を考えたわけではない。

③ 岩橋善兵衛

岩橋善兵衛は江戸時代の日本における有名な望遠鏡製作者である。寛政5年（1793年）に八稜筒形望遠鏡を完成させ、京都にある橘南谿宅において、望遠鏡を用いた日本最初の民間における天体観望会を開催した。大阪府貝塚市にある「善兵衛ランド」には善兵衛が製作した望遠鏡などの天体観測機器が展示されている。

② 辛丑

十干は甲・乙・丙・丁・戊・己・庚・辛・壬・癸で庚の次は辛であり、十二支は子・丑・寅・卯・辰・巳・午・未・申・酉・戌・亥で子の次は丑である。したがって②辛丑が正答となる。

EXERCISE BOOK FOR ASTRONOMY-SPACE TEST

人類の宇宙進出と宇宙工学

Q1 次の探査機と打ち上げ国の組み合わせのうち、正しいものはどれか。

① 嫦娥４号－日本
② マンガルヤーン－インド
③ チャンドラヤーン２号－中国
④ ルナ３号－アメリカ

Q2 次の写真の、小惑星探査機「はやぶさ」などを打ち上げたM-V（ミュー・ファイブ）ロケットは、どれに分類されるか。

① 固体ロケット
② 液体ロケット
③ ハイブリッドロケット
④ 非化学ロケット

©JAXA

Q3 液体ロケットの利点として正しいものはどれか。

① 製造コストが安い
② 長時間の貯蔵・保存が可能
③ 構造が簡単で取扱いが容易
④ 大型化が容易

Q4 次のうち、固体ロケットの特徴はどれか。

① 燃焼停止や再着火ができる
② 小推力から超大推力まで選べる
③ 打ち上げ前に漏洩点検や予冷が必要
④ 燃料を充填した状態での長期保管ができない

Q5 次のうち、比推力という概念が当てはまらない推進方法はどれか。

① 電気推進
② レーザー推進
③ 太陽帆推進
④ 光子推進

Q6 あるロケットの比推力が500秒であった。このロケットの燃焼ガスの噴射速度はどれくらいか。ただし、重力加速度は10 m/s^{2}とする。

① 200 m/s
② 500 m/s
③ 2 km/s
④ 5 km/s

Q7 「打ち上げの窓」に関する説明で正しいものを選べ。

① 諸条件から計算されたロケットや人工衛星の打ち上げ可能時間帯
② ロケットなどを打ち上げる射場の総称
③ ロケットなどの打ち上げが可能な良好な気象条件
④ 人工衛星などを格納するロケット最先端部のフェアリングの別称

Q8 小惑星探査機「はやぶさ2」が、飛行に使用しているエンジンはどれか。

① ガソリンエンジン
② プラズマエンジン
③ イオンエンジン
④ 原子力エンジン

② マンガルヤーン－インド

「マンガルヤーン」は、インドの火星探査機の通称で、MOM（マーズ・オービター・ミッション）という火星探査計画の探査機。2014年にアジアの国で初となる火星周回軌道投入に成功した。「嫦娥4号」は中国が打ち上げた月探査機で、史上初の月の裏側への着陸に成功した。「チャンドラヤーン2号」はインドの月探査機であり、世界で5番目の月面軟着陸（無人）を目指し、2019年8月に月周回軌道へ入ったが、月面への降下中に通信が途絶え、その後、着陸機は月面に落下したと予測されている。ルナ3号は、旧ソ連の月探査機で、1959年に世界で初めて月の裏側の撮影に成功した。

第9回正答率63.3%

① 固体ロケット

M-Vロケットは、日本の全段固体燃料を使ったロケットで、「はやぶさ」の他にも電波天文衛星「はるか」、火星探査機「のぞみ」、X線天文衛星「すざく」、赤外線天文衛星「あかり」、太陽観測衛星「ひので」を打ち上げ、天文学の発展に大きく貢献した。また、その固体燃料系技術は、その後のイプシロンロケットにも活用されている。

④ 大型化が容易

①、②、③は固体ロケットの利点である。液体ロケットの他の利点として、方向や速度のコントロールが容易、また発射の際の加速度が少ないことなどが挙げられる。

第4回正答率53.6%

② 小推力から超大推力まで選べる

①、③、④はすべて液体ロケットの特徴である。ほかにも固体ロケットには、構造がシンプル、燃焼時間が比較的短い、推進剤を充填した状態での長期保管が可能、打ち上げ前の点検が比較的簡単、といった特徴がある。

③ **太陽帆推進**

太陽帆推進は、大きな帆に太陽光を受けて、その光子の反射によって生じる反作用によって推進する。能動的なエンジンを持つわけではないので、比推力は生じない。

④ **5 km/s**

比推力＝推力÷1秒間に消費される推進剤の質量÷重力加速度である。燃焼ガスの噴射速度は、比推力×重力加速度になるので、500 s×10 m/s^2＝5000 m/sすなわち、5 km/sである。

第7回正答率60.8%

① **諸条件から計算されたロケットや人工衛星の打ち上げ可能時間帯**

ロンチウィンドウ（Launch window）ともいう。たとえば、国際宇宙ステーション（ISS）の物資補給のために打ち上げる「こうのとり」は燃料を抑えるために、ISSが種子島宇宙センターの真上を飛行するタイミングで打ち上げる。仮にロケットが何らかの理由でこの可能時間に打ち上げられなければ、次の窓を待つことになる。ちなみに「はやぶさ」の打ち上げの場合、わずか30秒しかなかった。

③ **イオンエンジン**

電気を使って燃料を噴射するイオンエンジンを長時間運転することで、2018年6月に小惑星リュウグウの上空に到着した。①のガソリンエンジンは、ガソリンを空気中の酸素を使って燃焼させるため宇宙で使うのは困難である。②のプラズマエンジンは、イオンエンジンと同様、電気推進の一種で、惑星間航行用として期待されているが、実用化には至っていない。④の原子力エンジンは原子炉の熱を利用しているが、推進剤（水素など）を加熱し噴出している点では科学ロケットと同じである。

第8回正答率84.5%

Q 9

太陽の重力を振り切り、太陽系から脱出するために必要な速度のことを何というか。

① 第一宇宙速度
② 第二宇宙速度
③ 第三宇宙速度
④ 第四宇宙速度

Q 10

第二宇宙速度の説明で正しいのはどれか。

① 地球を周回する軌道に乗るために必要な速度で、およそ7.9 km/s
② 地球の引力圏を脱出する速度で、およそ11.2 km/s
③ 地球の重力を振り切り月に到達できる速度で、およそ14.5 km/s
④ 太陽の重力を振り切り太陽系から脱出する速度で、およそ16.7 km/s

Q 11

第一宇宙速度である7.9 km/sの速度で地上から真上にボールを打ち上げた場合、ボールのその後の挙動として正しいものはどれか。

① 地球の引力圏を振り切って宇宙に飛んでいく
② 地球の引力につかまり地球の周りを回る
③ 地球の引力とバランスがとれて宇宙空間にとどまる
④ 地球の引力の影響で減速し、やがて落下する

Q 12

国際宇宙ステーションは、しばしばエンジンを噴射し軌道を変えている。その理由は何か。

① 大気との抵抗で高度が下がるのに対応するため
② 静止軌道に移行するため
③ 惑星探査機を打ち出すため
④ ほとんどが政治的な理由

Q 13

スイングバイについて間違っているのはどれか。

① スイングバイとは探査機などが天体の重力と公転速度を利用して、飛行方向や速度を変えることである
② スイングバイによって加速することも減速することもできる
③ 加速スイングバイの場合、探査機などが加速した分、利用した天体の公転速度はわずかに減少する
④ スイングバイを利用することで、飛行に要する推進剤を節約できる

Q 14

地球観測衛星「だいち２号」は、約98分かけて地球を１周し、14日間隔で同じ地域の上空をほぼ同じ時間帯に通過する。「だいち２号」の軌道はどれか。

① 静止軌道
② 同期軌道
③ 太陽同期準回帰軌道
④ 準天頂軌道

Q 15

GPSを補完する衛星測位サービスを日本全土に連続24時間サービスするためには、準天頂軌道に少なくとも何機の衛星が必要か。

① １機
② ２機
③ ３機
④ ４機

③ 第三宇宙速度

地球を周回する軌道に乗るために必要な最小の速度を、第一宇宙速度という（時速約2万8400 km）。地球の重力を振り切る最小の速度を、第二宇宙速度という（時速約4万320 km）。問題の太陽の重力を振り切る最小の速度を、第三宇宙速度といい、およそ時速6万120 kmである。実際には、第三宇宙速度より初速が小さくても、スイングバイなどを利用して太陽系を脱出することは可能である。第二宇宙速度を超えていないと地球圏すら脱出できない。なお、第四宇宙速度は定義されていない。

第8回正答率83.5%

② 地球の引力圏を脱出する速度で、およそ 11.2 km/s

①は第一宇宙速度、④は第三宇宙速度。月に到達するには第二宇宙速度で地球を離れた後、月の重力を利用してその周回軌道に入ればよい。

第6回正答率81.5%

④ 地球の引力の影響で減速し、やがて落下する

地球の引力圏を脱することができる速度は第二宇宙速度であるため、第一宇宙速度では真上に打ち上げた場合、地球の引力圏を振り切ることができず、徐々に減速し、やがて落下に転じて地上に戻ってきてしまう。

第5回正答率33.5%

① 大気との抵抗で高度が下がるのに対応するため

国際宇宙ステーションは高度約400 kmを周回しているが、大気の抵抗のため、少しずつ高度が下がってくる。そのため、しばしば軌道を変えている。静止軌道に移行する計画はなく、そのための技術もない。また、惑星探査機を打ち出すプラットフォームとしても使われていない（人工衛星の放出実験は行われている）。政治的な理由で頻繁に軌道を変えたりもしていない。

③ 加速スイングバイの場合、探査機などが加速した分、利用した天体の公転速度はわずかに減少する

加速スイングバイに利用された天体は、その位置エネルギーをわずかに失い、内側に移動する。ケプラーの第2法則により、内側に移動した天体は公転速度が上がるので、③が正答となる。探査機の場合には、天体に比べて質量が無視できるほど小さいので、実際にはその軌道の変化も無視できるが、原理的には、小惑星などが地球に衝突するのを防ぐため、その小惑星で時間をかけてスイングバイを何度も行うことで衝突軌道を回避することも可能である。

第5回正答率71.7%

③ 太陽同期準回帰軌道

「だいち2号」など多くの地球観測衛星は、地球の表面にあたる太陽の角度が同じになる（太陽同期軌道）という条件のもと、定期的に同じ地域の観測が行える軌道（準回帰軌道）をとっており、この軌道を太陽同期準回帰軌道という。

第7回正答率36.8%

③ 3機

次の図に示すとおり、3機の衛星を軌道面120°間隔で配置すると、各衛星間間隔が8時間となり、日本上空に必ず3機のうちの1機が飛行することで、24時間連続でサービスが可能となる。1機、または2機では日本上空に衛星が存在する時間帯に抜けが生じる。一方、4機は必ずしも必要ない。

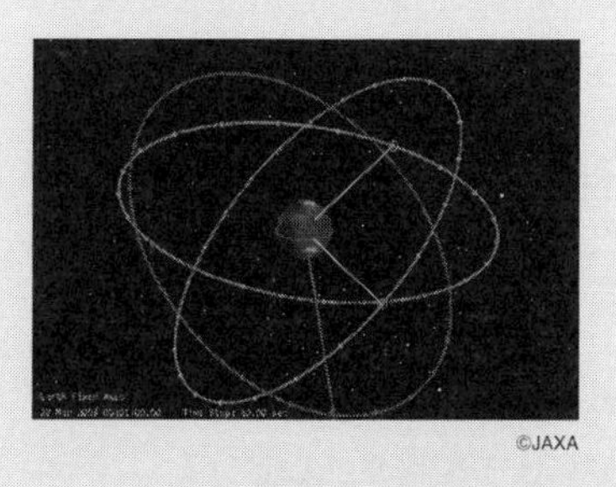

©JAXA

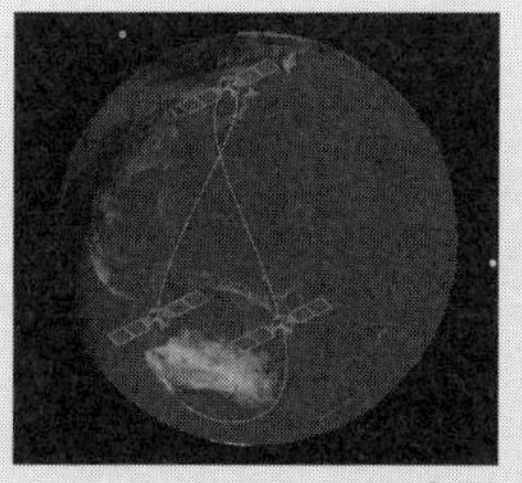

©JAXA

Q16

ホーマン軌道を正しく説明しているのはどれか。

① 最短時間で地球から他の惑星に到達できる
② 最小のエネルギーで地球から他の惑星に到達できる
③ 最短距離で地球から他の惑星に到達できる
④ 地球の公転軌道に平行な軌道である

Q17

宇宙線について間違っているものはどれか。

① 宇宙空間を飛び交う高エネルギーの電磁波である
② 超新星残骸や銀河中心、太陽などから発せられている
③ 地上での被曝線量（自然放射線量）は、1年間で約2.4ミリシーベルトである
④ ISS滞在中の宇宙飛行士は、1日あたり地上での約半年分を被曝する

Q18

スペースデブリに対して、最近主にとられている対処法はどれか。

① 回収している
② レーザーで溶かしている
③ 地球に落下させている
④ 軌道を把握して、回避している

Q19

宇宙ステーションでの滞在期間が長くなるほど、人体への影響が低くなるものは次のうちどれか。

① 筋肉の委縮　② 骨粗しょう症
③ 宇宙酔い　④ 放射線被曝による細胞のがん化

Q 20

次のグラフは、スカイラブ実験における宇宙環境の人体の経年影響を示した図である。骨・カルシウム代謝（骨粗しょう症のような症状）に対応するのは、次のうちどれか。

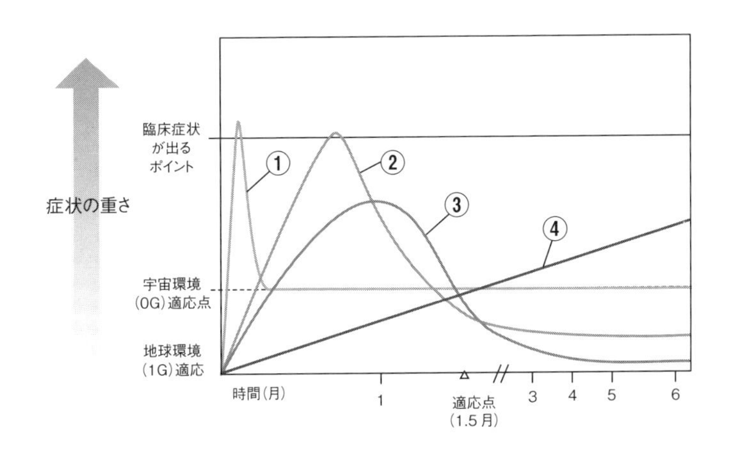

Q 21

ロケットの方程式として有名なツィオルコフスキーの式は、速度増分＝噴出速度×ln（初期質量／最終質量）である。この式が意味する内容として間違っているものはどれか。

① 速度増分を大きくするために推進剤の割合を大きくする
② 速度増分を得るために比推力の高い推進剤を使う
③ 赤道付近でロケットを打ち上げると速度増分が大きくなる
④ ロケットを多段式にすることで速度増分を大きくできる

Q 22

次のうち、小惑星リュウグウにない地名はどれか。

① キンタロウクレーター
② オトヒメクレーター
③ モモタロウクレーター
④ ウラシマクレーター

② 最小のエネルギーで地球から他の惑星に到達できる

ホーマン軌道は、同一軌道面にある2つの円軌道間を移る軌道の1つである。全体としては遠回りに見えるが、円軌道の中心の天体（太陽）の引力に逆らわない軌道の接線方向に1回ずつの計2回加速・減速をすることで、最小のエネルギーで目的の天体に到着することができる。現在の惑星探査機は、ホーマン軌道よりも打ち上げ速度を上げ、打ち上げ方向を少し変えることで飛行日数を減らす準ホーマン軌道が用いられる。

第7回正答率57.0%

① 宇宙空間を飛び交う高エネルギーの電磁波である

宇宙線は宇宙空間を飛び交う陽子やアルファ粒子、リチウム、ベリリウムといった高エネルギーの粒子線であり、電磁波ではないので①が正答となる。なお、②、③、④は正しい記述である。

④ 軌道を把握して、回避している

運用後に放置された人工衛星やロケットの一部など、地球の衛星軌道上を周回している打ち捨てられた人工物体をスペースデブリ（宇宙ゴミ）という。たとえ小さくとも、活動中の人工衛星やISSなどに衝突すれば、甚大な被害をもたらす恐れがある。しかし、回収は難しく、スペースデブリの軌道を把握して、回避を図っている。

③ 宇宙酔い

宇宙ステーションでは、重力や運動による負荷が減るので、筋肉が委縮する。また、骨芽細胞の活動が低下するため、カルシウムの体外排出量が増えて骨粗しょう症のリスクが高くなる。宇宙放射線は、完全に遮断することができないため、長期的にみるとリスクが高い。宇宙酔いは数日で自然におさまる。

第4回正答率92.0%

④

宇宙滞在初期には様々な影響・症状が現れるが、その多くは時間とともに適応できるようになる。しかし、骨・カルシウム代謝と放射線の影響は、滞在期間が延びれば延びるほど悪化する。

第9回正答率50.9%

③ 赤道付近でロケットを打ち上げると速度増分が大きくなる

質量比を大きくすることと、噴出速度を上げることを意味している式であるため、①の推進剤の割合を増やす、④の多段式にする、は質量比を大きくしていることに該当する。②は比推力と噴射速度は同じパラメータとして考えることができるため、噴射速度を向上させていることにつながる。赤道付近から打ち上げ自転速度を活用して速度増分を稼ぐことは実際に可能であるが、ツィオルコフスキーの式とは無関係なので③が正答となる。なお、ヨーロッパのロケット発射場が赤道付近にあることはこの利点を狙ってのことである。

第5回正答率48.6%

② オトヒメクレーター

リュウグウにオトヒメというクレーターはないが、「オトヒメ岩塊（オトヒメサクスム）」と名付けられた、南極に位置する大きな岩塊がある。④ウラシマクレーターはリュウグウ最大のクレーター。③モモタロウクレーターは4番目、①キンタロウクレーターはリュウグウで5番目に大きいクレーターである。

第9回正答率25.1%

EXERCISE BOOK FOR ASTRONOMY-SPACE TEST

宇宙における生命

Q 1 TRAPPIST－1という星の周りに多数の惑星が見つかり、2017年にニュースになった。この発見について間違っているのはどれか。

① 親星は赤色矮星と褐色矮星の境界程度の星である
② 地球と同じ程度の半径をもつ惑星が7つ見つかった
③ 発見はケプラー宇宙望遠鏡による
④ 発見された惑星のうち3つがハビタブルゾーンにある

Q 2 スーパーアースとは何か。

① 地球よりも生命にあふれた可能性がある惑星
② 地球の数倍程度の質量をもつ惑星
③ 地球よりも古い時代にできたと思われる惑星
④ ハビタブルゾーンにある地球型の惑星

Q 3 次のうち、系外惑星と関係がないものはどれか。

① スーパーアース
② スーパーマーズ
③ ホットジュピター
④ ホットネプチューン

ホットジュピターとは、どういう意味か。

① 木星が核融合反応を起こし、熱くなること
② 親星のすぐ近くの熱い場所にある木星ほどの巨大な惑星のこと
③ 木星衛星イオの火山の熱がふりそそぎ、木星が熱くなること
④ 木星に天体が衝突して灼熱のスポットが現れること

Q5

最初に発見された、主系列星を公転する系外惑星はペガスス座51番星である。この惑星の存在は、どのような方法で確認されたか。

① アストロメトリー法
② ドップラー法
③ トランジット法
④ 直接撮像法

Q6

次のうち、ドップラー法による発見がしやすい惑星はどれか。

① 質量が大きな惑星
② 軌道半径が大きな惑星
③ 軌道がつぶれた楕円の惑星
④ 直径が大きな惑星

③ **発見はケプラー宇宙望遠鏡による**

発見は、チリのラ・シーヤ天文台にある口径60 cmのTRRAPIST-South望遠鏡による。39光年離れたこの恒星は質量が太陽の8%と、水素核融合を起こせるかどうかのギリギリであり、わずかに軽いと褐色矮星となる。7つの惑星はトランジット法で相次いで発見された。その後8 mのVLT望遠鏡やハッブル宇宙望遠鏡、スピッツァー宇宙望遠鏡、ケプラー宇宙望遠鏡などで詳細な観測がされ、一部の惑星には大気の存在が示唆されるなど、活発な研究がなされている。

第8回正答率26.7%

② **地球の数倍程度の質量をもつ惑星**

スーパーアースの定義は、主に質量によるもので（固体惑星でもある）、生命がいるか、ハビタブルゾーンにあるかどうかは必ずしも問わない。年齢も関係ない。系外惑星を見つけるドップラー法とトランジット法を組み合わせると、惑星の質量と大きさがわかる。ケプラー宇宙望遠鏡やTRAPPIST-South望遠鏡などによって多数のスーパーアースが見つかっており、中にはハビタブルゾーンを公転する惑星（ケプラー 22bなど）も発見されている。

② **スーパーマーズ**

スーパーアースは地球より大きな（そしておそらく岩石質の）系外惑星、ホットジュピター、ホットネプチューンはそれぞれ木星サイズ、海王星サイズの（おそらくガス質の）系外惑星で親星のすぐ近くを公転しているものを指す。「スーパーマーズ」は、火星が地球に接近して明るく、大きく見えるということでマスコミが使っていたが、学術用語ではない。

第6回正答率74.9%

② 親星のすぐ近くの熱い場所にある木星ほどの巨大な惑星のこと

木星は、親星である太陽からある程度離れたところにあるために巨大な惑星になったと考えられている。ところが、普通の恒星のまわりで最初に発見された系外惑星は木星と同程度の質量をもっていたが、親星のすぐ近くで、非常に熱い（ホット）と考えられる場所を周回していた。その後も同様な系外惑星が多数発見されており、これらの系外惑星をホットジュピターと呼んでいる。むしろ木星タイプの惑星が親星から遠く離れている太陽系のような姿は稀なのかもしれない。

② ドップラー法

ペガスス座51番星の惑星の存在は、主星の分光観測によって確認された。分光観測によって得られるスペクトルのドップラー効果を測定すると、その星の視線方向の運動が求まる。ペガスス座51番星（主星）のドップラー効果の時間変動から、惑星の公転周期や質量が推定できる。

第8回正答率63.2%

① 質量が大きな惑星

ドップラー法は惑星の重力による中心の恒星のふらつきをドップラー偏移で捉える方法。よって惑星の質量が大きく、中心の恒星に近い惑星ほど見つけやすい。惑星の軌道の形や惑星そのものの大きさは見つけやすさとは関係がない。

第4回正答率36.9%

Q7

次の現象のうち、系外惑星の検出方法の原理と関係のないものはどれか。

① 皆既日食　② 金星の太陽面通過
③ 皆既月食　④ 赤方偏移

Q8

次の図は、系外惑星（候補を含む）の発見年と発見数および発見法を表したものである。図のB法は次のうちどれか。

① 直接撮像法
② ドップラー法
③ マイクロレンズ法
④ トランジット法

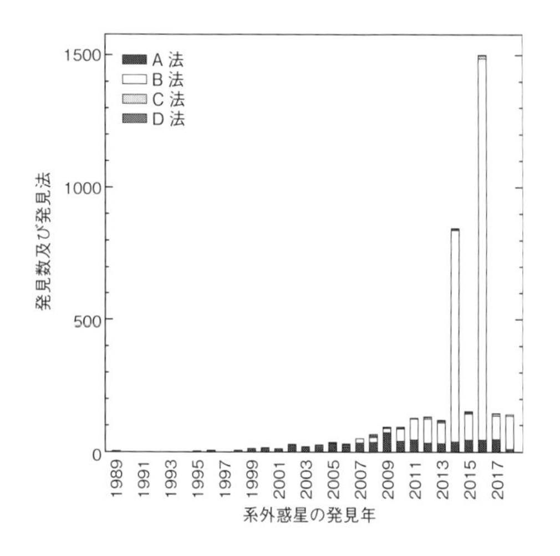

Q9

次の図は系外惑星をさがすための観測データである。どの観測法によるデータか。

① トランジット法
② ドップラー法
③ 直接撮像法
④ 重力レンズ法

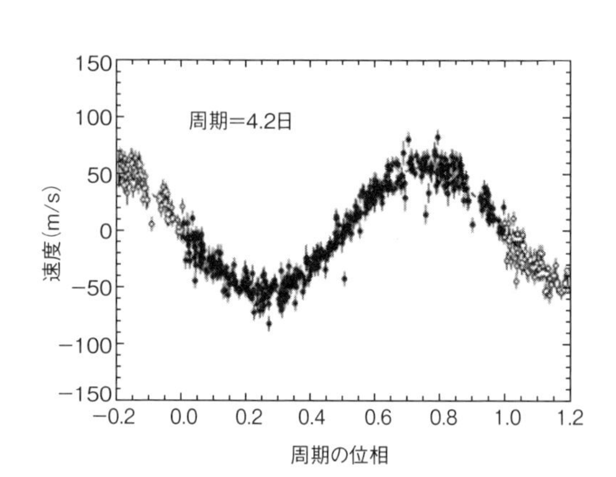

Q 10 次の画像は、すばる望遠鏡によって直接撮影することに成功した、太陽によく似た恒星のまわりを公転している系外惑星（右上の点）である。系外惑星の直接撮像について、正しく述べているものを選べ。

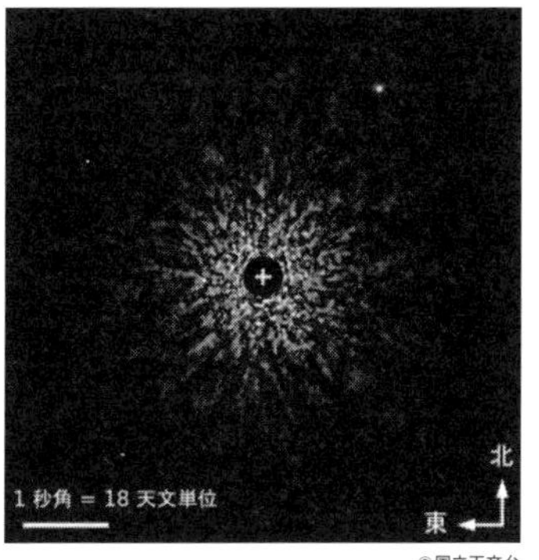

©国立天文台

① 撮影された惑星はホットジュピターである
② このように系外惑星を直接撮影する方法をトランジット法という
③ この惑星はハビタブル・ゾーンに位置している
④ この画像には中心の恒星は写っていない

Q 11 ハビタブルゾーンに関する次の記述のうち、正しいものはどれか。

① ハビタブルゾーンに位置する系外惑星は発見されていない
② 親星の周辺で惑星が酸素を含む大気をもてる領域のことである
③ 親星の質量によって親星からの距離は変化する
④ 現在の太陽系では地球と金星が位置する

Q 12 新たに発見された系外惑星には、観測衛星などにちなんだ名前がつけられる。系外惑星探査衛星Keplerで発見された惑星の名前ではないものはどれか。

① Kepler-11a
② Kepler-11b
③ Kepler-11c
④ Kepler-11d

③ 皆既月食

系外惑星を直接撮像するには、コロナグラフと呼ばれる装置を用いて人工的に皆既日食を起こし、中心の恒星の光を隠す必要がある。トランジット法は、惑星が恒星の前面を通過することで惑星が暗くなる現象を捉えて惑星を検出する方法で②と同じ現象である。ドップラー法は、惑星の重力で中心の恒星がふらつき、恒星からの光が赤方偏移することなどを捉えて惑星を検出する。

第4回正答率55.6%

④ トランジット法

トランジット法とは、恒星前面を系外惑星が通過する際のわずかな減光を観測して検出する方法。広い範囲を同時に観測して複数の恒星を調べられる点で、観測に時間がかかるドップラー法よりも効率がよい。2009年にケプラー宇宙望遠鏡が打ち上げられて以降、トランジット法によって発見された系外惑星の数が爆発的に増加した。

② ドップラー法

図から速度が周期的に変化していることがわかる。惑星の公転による親星の速度のふらつきを測定しているので、ドップラー法。

第3回正答率59.8%

④ この画像には中心の恒星は写っていない

系外惑星を直接撮影する場合、近くにある恒星の光が邪魔になるため、コロナグラフと呼ばれる装置で中心の恒星を隠して、惑星の姿を捉えている。ホットジュピターは、太陽系でいえば水星よりも内側という、中心の恒星に非常に近いところを公転している木星ほどの巨大な惑星のこと。トランジット法は、惑星が恒星の前を横切ることで、恒星がわずかに暗くなる現象を捉え惑星を見つける方法。中心の恒星が太陽によく似た星であれば、ハビタブル・ゾーンは1天文単位付近となる。画像の惑星は中心の恒星から40天文単位くらい離れたところにある。これらのことから④が正答になる。

第4回正答率45.2%

③ 親星の質量によって親星からの距離は変化する

ハビタブルゾーンは、親星の周辺で惑星が液体の水をもてる領域のことである。すでにケプラー62fやケプラー22bなどハビタブルゾーンに位置する系外惑星は多数発見されている。ハビタブルゾーンの親星からの距離は親星の質量によって異なり、質量が小さいほど内側に近づく。太陽質量の0.3倍くらいの恒星の場合、ハビタブルゾーンまでの距離は0.1天文単位ほどである。現在の太陽系のハビタブルゾーンには、地球のみが位置する。

第9回正答率79.6%

① Kepler-11a

系外惑星には親星の名前に小文字のb、c、d…を発見順につけてその名前とする。小文字のaはつけない規則になっている。

第3回正答率47.2%

Q 13 生物がそなえるべき3条件として間違っているものはどれか。

① 外界から物質やエネルギーを取り込み物質代謝する
② 外界と境界によって隔てられた細胞のような構成単位をもつ
③ 細胞内に核をもち、DNAやRNAによって遺伝情報を伝える
④ 自分自身とほぼ同じものを自己複製し自己増殖する

Q 14 ウイルスが生物とはっきり言えないのはなぜか。

① 自己複製・自己増殖のための核酸をもっていない
② 外界との区別がなく、核酸がむき出しになっている
③ 自分自身では代謝できない
④ 細胞が1つしかない

Q 15 地球上の生物について間違っているものはどれか。

① 生物界は真正細菌、古細菌、真核生物の3つに大きく分けられる
② 粘菌も人類も同じ真核生物である
③ 最初の光合成細菌シアノバクテリアは古細菌に分類される
④ 単細胞生物のDNAは環状で、多細胞生物のDNAは鎖状である

Q 16 次の図は、地球の植生の反射率を示している。反射率が急激に増加しているところ（破線で囲った部分）を何というか。

① レッドエッジ
② オレンジエッジ
③ グリーンエッジ
④ ブルーエッジ

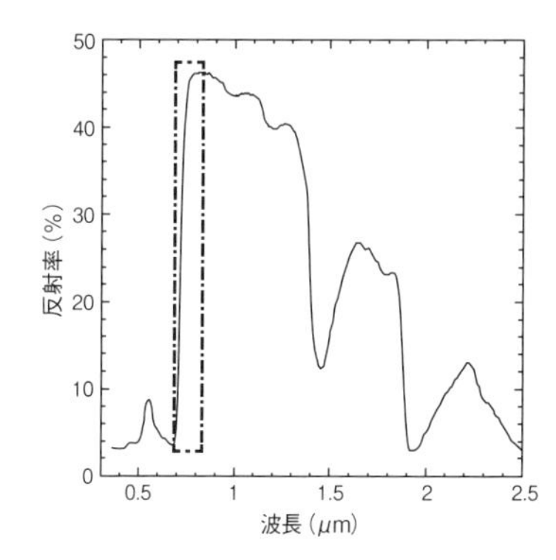

Q 17 系外惑星の大気を調べたとき、生命存在の指標としてもっとも適しているのはどれか。

① オゾンの吸収線
② 水の吸収線
③ 鉄の輝線
④ カルシウムの輝線

Q 18 地球上の全生物の共通祖先はどのような性質をもっていたと考えられるか。

① 酸素を必要とする好気性の超好熱菌
② 酸素を嫌う嫌気性の超好熱菌
③ 酸素を嫌う嫌気性の古細菌
④ 酸素を必要とする好気性の古細菌

③ 細胞内に核をもち、DNA や RNA によって遺伝情報を伝える

生物の条件として現在考えられているのは、構成単位、物質代謝、自己複製の3つである。核の有無は必須ではなく、実際、原核生物は核をもたず、遺伝情報を担うDNAは細胞内に散らばっている。

第2回正答率62.3%

③ 自分自身では代謝できない

ウイルスはDNAやRNAといった核酸をもっており、他の生物の細胞を利用して自己複製することができる。細胞をもたないため細胞膜による外界との仕切りはないが、タンパク質の殻で核酸は覆われている。

③ 最初の光合成細菌シアノバクテリアは古細菌に分類される

メタン生成菌は古細菌に分類されるが、最初の光合成生物シアノバクテリアは真正細菌に分類される。

第8回正答率50.5%

① レッドエッジ

地球植物の葉緑体は、赤色領域の光を最もよく吸収する（補色の緑色をよく反射する）。したがって、地球の植生の反射率は、赤色で小さく、赤色の端付近で大きく増加する。これをレッドエッジという。もし太陽のようなG型星に系外惑星があって、スペクトルにレッドエッジが見つかれば、植物の存在が期待される。

第6回正答率76.1%

① オゾンの吸収線

生命存在の証拠となりうる指標をバイオシグネチャー（またはバイオマーカー）という。生物由来の大気成分（酸素、オゾン、メタン）の分光観測や、植物のレッドエッジの測光・分光観測などが挙げられる。

第8回正答率71.5%

② 酸素を嫌う嫌気性の超好熱菌

酸素は初期の地球にはほとんど存在せず、また細胞やDNAを傷つける危険な物質であった。そのため初期の生物は酸素を嫌う嫌気性であったと考えられている。また、系統樹の根元あたりの生物は高熱環境を好む超好熱菌であった。よって②が正答となる。古細菌は現生の生物の一分類（ドメイン）で、「古」という字が使われているが、真正細菌よりは新しく、真核生物に近いと考えられている。

Q 19

地球上の生命の歴史について間違っているものはどれか。

① 現在の地球上の生物個体数は10^{29}程度である
② 生命が誕生した頃の地球は高温で、酸素が少ない環境だった
③ 最初の生物が生まれて10億年ぐらいたって光合成生物が生まれた
④ 最初の光合成生物はシアノバクテリアと呼ばれる古細菌である

Q 20

アミノ酸や核酸などの有機分子には、D型とL型がある。地球の生体はL型のアミノ酸だけを使っている。これについて述べた文で間違っているものはどれか。

① L型の方がD型より倍以上生成されやすい
② 生体はD型のアミノ酸を吸収することはできない
③ 核酸はD型のみが使われている
④ 生体の核酸は片方の型だけが使われたおかげで二重らせん構造がとれる

Q21

星間空間にアミノ酸はまだ発見されていないが、最近、星形成領域においてアミノ酸の前段階物質が豊富に存在することがわかってきた。この物質とは何か。

① グリシン
② アデニン
③ グルタミン
④ メチルアミン

Q22

次の図に示されたスペースコロニーは何型と呼ばれているか。

① バナール型
② トーラス型
③ シリンダー型
④ ウーベル型

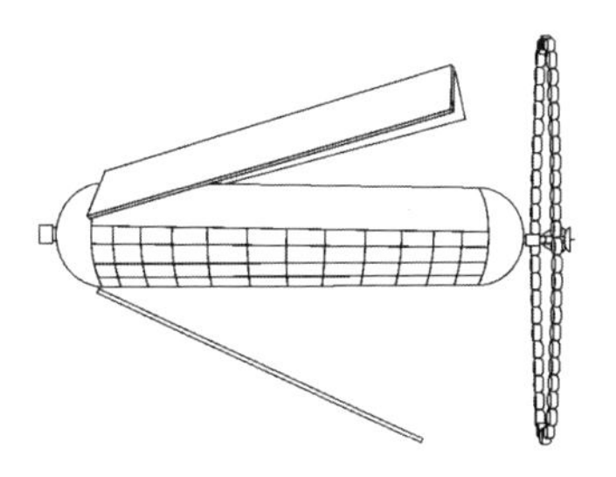

A19 ④ 最初の光合成生物はシアノバクテリアと呼ばれる古細菌である

シアノバクテリアは古細菌ではなく真正細菌の一種である。なお、以前はラン藻類とも呼ばれたが、細菌なので、ラン細菌と呼ぶべきだろう。現在ではシアノバクテリアと呼ぶことが多い。

A20 ① L 型の方が D 型より倍以上生成されやすい

アミノ酸や核酸などの有機分子を合成すると、L型もD型も等量が生成される。L型とD型はそれぞれ同じ型のものが結合して、より複雑で巨大なタンパク質やDNAを作っている。なので、L型のアミノ酸でできた生体は、L型のアミノ酸のみが使用できる。D型が来ても不良部品となり使えない、すなわち吸収できないのである。ただ、そうなら、D型のアミノ酸ばかりの生体が半分あっても不思議ではないが、それはほとんどない。その理由として考えられているのが、アミノ酸は特定の円偏光した光の元では、片方の型ばかりが生成される性質があり、そういう環境があったとは考えられる。ただ、地球上ではそれは考えにくいので、宇宙空間でそうした環境があり、そこでできたL型アミノ酸が降ってきて、地球に生体を作ったという説もある。

第7回正答率50.2%

④ メチルアミン

東京天文台（現国立天文台）にあった6 mの電波望遠鏡を用いて、1974年に海部宣男らが発見した星間分子がメチルアミンである。日本人が発見した最初の星間分子でもあるが、2014年に星形成領域である星間分子雲での存在量が銀河系（天の川銀河）中心よりも大きいことがわかった。この分子はアミノ酸の生成経路上にある物質として注目されている。なお、グリシンやグルタミンはアミノ酸の一種、アデニンはDNAやRNAに含まれる塩基である。

第9回正答率41.9%

③ シリンダー型

1929年、ジョン・デスモンド・バナールが提唱した球形タイプのスペースコロニーがバナール型と呼ばれる。1974 年にジェラード・キッチェン・オニールが提唱した形状がシリンダー型。翌1975 年にスタンフォード大学で設計されたのがトーラス型と呼ばれる。ウーベル型の「ウーベル」とはラテン語で乳房を意味する。

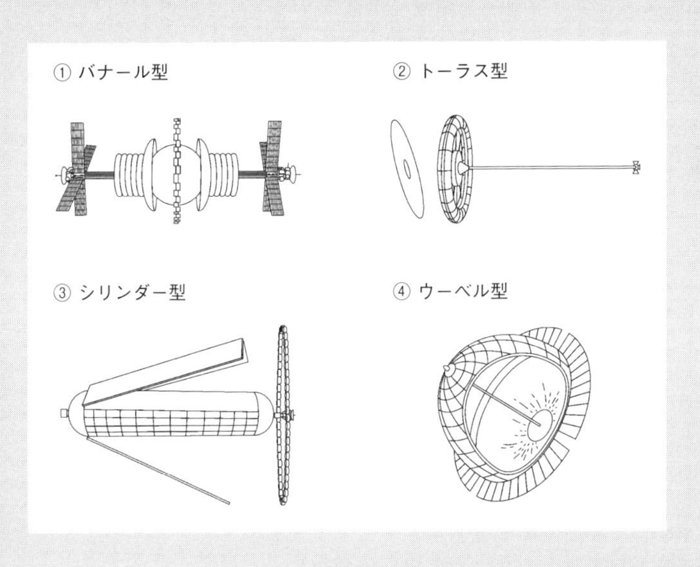

10章 宇宙における生命

監修委員（五十音順）

池内　了………総合研究大学院大学名誉教授

黒田武彦………元兵庫県立大学教授・元西はりま天文台公園園長

佐藤勝彦………明星大学客員教授・東京大学名誉教授

沢　武文………愛知教育大学名誉教授

柴田一成………同志社大学客員教授・京都大学名誉教授

土井隆雄………京都大学特任教授

福江　純………大阪教育大学教育学部天文学研究室教授

藤井　旭………イラストレーター・天体写真家

松井孝典………千葉工業大学惑星探査研究センター所長・東京大学名誉教授

松本零士………漫画家・（公財）日本宇宙少年団理事長

吉川　真………宇宙航空研究開発機構准教授・はやぶさ２ミッションマネージャ

天文宇宙検定　公式問題集

２級 銀河博士　2020～2021年版

天文宇宙検定委員会　編

2020年7月20日　初版1刷発行

発行者　片岡　一成

印刷・製本　株式会社ディグ

発行所　株式会社恒星社厚生閣

〒160-0008

東京都新宿区四谷三栄町3番14号

TEL　03（3359）7371（代）

FAX　03（3359）7375

http://www.kouseisha.com/

http://www.astro-test.org/

ISBN978-4-7699-1650-5 C1044

（定価はカバーに表示）